数学物理方法讲义

杨 明 石佩虎 编

U0254754

东南大学出版社
SOUTHEAST UNIVERSITY PRESS
·南京·

内容简介

本书对数学物理方法(偏微分方程)的基本理论和方法做了系统的介绍和论证,注重现代数学思想和数学物理方法的结合,突出重要数学概念和物理背景的讲解,语言平实易懂。同时配有适量例题和习题,难易兼顾,层次分明,适合自学。本书适用于普通高等教育通信工程、电子工程、信息工程、生物医学、工程力学、物理学等专业。对于基础数学、应用数学和计算数学专业的学生也是十分合适的参考书。

图书在版编目(CIP)数据

数学物理方法讲义 / 杨明,石佩虎编. — 南京：
东南大学出版社,2018.9(2021.3 重印)

ISBN 978-7-5641-8006-5

Ⅰ.①数… Ⅱ.①杨…②石 Ⅲ.①数学物理方
法-高等学校-教材 Ⅳ.①O411.1

中国版本图书馆 CIP 数据核字(2018)第 215710 号

数学物理方法讲义

编 者	杨 明 石佩虎
责任编辑	陈 淑
编辑邮箱	535407650@qq.com
出版发行	东南大学出版社
出 版 人	江建中
社 址	南京市四牌楼 2 号(邮编:210096)
网 址	http://www.seupress.com
电子邮箱	press@seupress.com
印 刷	兴化印刷有限责任公司
开 本	700mm×1 000mm 1/16
印 张	10.25
字 数	178 千字
版 印 次	2018 年 9 月第 1 版 2021 年 3 月第 2 次印刷
书 号	ISBN 978-7-5641-8006-5
定 价	36.00 元
经 销	全国各地新华书店
发行热线	025-83790519 83791830

(本社图书若有印装质量问题,请直接与营销部联系,电话:025-83791830)

前　言

　　用数学方法理解自然现象的一个重要工具是数学物理方法(偏微分方程),本书将为你打开数学物理方法之门。数学物理方法从法国数学家达朗贝尔在 18 世纪中叶提出弦振动方程开始已有两百多年的历史,她是现代数学从经典微积分走向现代分析学的重要发展阶段,因而其在现代数学中占具重要地位。作者讲授数学物理方法课程已有十年,深刻感受到现代数学的多个主要分支与其有着密切的联系,她的研究方法是现代数学多种重要思想的源泉。写一本与现代数学紧密联系,且适合工科大学本科生使用的数学物理方法教材是一件很有意义的事情。经过多年教学实践,作者不断对这门课程的内容进行探索和改进,希望本书能体现出重要的数学思想,同时又易于学生理解掌握。

　　本书对数学物理方法的基本理论和方法做了系统的介绍和论证,叙述力求简洁易懂,内容编排由简单到复杂,适合自学。本书的讲授大约需要48课时,基本内容包括:典型方程的定解问题,傅立叶级数方法,积分变换方法,波动方程初值问题,格林函数法和特殊函数。具体课时安排见文末。如果课时不充裕,可以将第 5 章的第 5、6 节留给学生自学。如果课时充裕,可以适当补充一些习题课。本书的前修课程包括:一元函数微积分,多元函数微积分,傅立叶级数,常微分方程基础,复变函数基础和线性代数。本书重视新授知识点与前修知识点的联系和升华,也会给学生提供对广义函数、算子理论、函数空间等重要现代数学概念初步的感性认识,这些将为学生建立起从经典微积分到现代分析的桥梁,对学生学习现代分析,数值计算方法和相应的物理课程起到重要作用。

相比同类教材,本书做了一些延伸和改进,其中重要的有以下几处:(1)对平方可积空间做了简明扼要的介绍;(2)简明深入地讨论了自共轭算子的特征值问题;(3)增加了利用多重傅立叶级数和多重傅立叶变换求解高维问题;(4)用傅立叶变换方法给出了一维、二维以及三维波动方程初值问题的基本解;(5)增加了用傅立叶变换法、通量法以及试验函数法求拉普拉斯方程的基本解;(6)对球面平均法求解三维波动方程初值问题中的计算难点做了合理的分解;(7)对用保角变换求格林函数的理论做了探讨;(8)将格林函数法推广到热方程和波动方程;(9)利用 勒让德函数在平方可积空间中的完备性讨论特征值问题;(10)作为特殊函数的一个应用,介绍了波的散射问题;(11)对二维和三维 Helmholtz 方程的基本解的求解做了详细探讨。这些内容使得本书的结构体系更加完备,利于同学们充分理解数学工具的作用并融会贯通所学知识。

本书中有一定难度的证明和计算均做了标注,同学们初学时可以只掌握其结论,先把精力放在课程的重点部分,等具备了一定的理解和计算能力后再来仔细研读。教师在授课时,也应该根据所授专业的课程要求以及学生的具体情况,对难度较大的部分做适当的取舍。我们在附录中介绍了傅立叶级数的收敛性、变分引理与位势方程变分原理、Ritz – Galerkin 方法、一般区域上的特征值问题以及古典偏微分方程研究记事,这些作为同学们的课外阅读材料。由于课程性质和课时的缘故,本书将不涉及有关偏微分方程的古典解,广义解以及各类解的适定性的讨论,也不涉及有关偏微分方程的各种数值求解方法的讨论。值得注意的是本书关于数学物理方法的介绍实际上仅限于线性偏微分方程。从比较全面的角度来说,数学物理方法还应包括非线性偏微分方程和积分方程,有兴趣的读者可以参考文献[15]、[16]、[17]。

同学们经常觉得这门课程难学,究其原因主要有三点:一是先修课程掌握得不到位,二是这门课程综合应用了多种数学方法,涉及的知识领域广,三是没有深刻领会方法背后的数学思想。不积跬步,无以至千里! 我想任何困难的事情总可以分解为若干简单的事情,如果同学们能一件一件地做好,那么离最后的成功也就不远了。同学们在学习中对每个知识点,要争取做到"三通",即大致初通,细节精通,融汇贯通。通俗来说就是,先理解数学思想方法的框架,再精通其中的数学技巧,最后通过多做练习和多思考达到融汇贯通。能做到这三点的话,学好数学物理方法也不是什么难事,祝各位成功!

本书在整体的知识框架上继承了东南大学王元明教授和王明新教授的经典教材。从教学规律以及学生的认知规律来讲,这个框架对知识点的安排是十分合理和值得称道的。至于本书的内容细节,则是通过对编者在数学物理方法课程教学中的讲稿改进而成。在本书写作过程中得到了东南大学数学学院刘继军教授、管平教授、陈文彦教授、王海兵教授和李慧玲副教授等同仁的关心和支持,他们给出了大量宝贵的建议和意见,在此深表感谢! 同时本书得到了东南大学教学改革基金和规划教材建设基金的支持,在此表示感谢! 限于作者水平,本书的不妥和疏漏之处在所难免,恳请专家和读者提出宝贵意见。

编 者

2017 年仲夏·四牌楼

2021 年早春·修订

注: **各章教学课时参考表(46 – 48 课时)**

第一章	第二章	第三章	第四章	第五章	第六章	复习
4 课时	10 课时	10 课时	4 课时	8 课时	8—10 课时	2 课时

目　录

第1章 典型方程的定解问题

数学物理方法是研究数学物理中出现的偏微分方程的方法，这门课程中我们将专注于几种最重要的且是最基础的方程，即本章要介绍的典型方程. 在本章中，我们先由物理背景导出这几个典型方程，然后给出求解这些方程所需要的定解条件并给出定解问题适定性的定义，接着介绍了一般线性方程的基本概念，最后我们给出求解一阶线性偏微分方程的特征线法以及二阶线性偏微分方程的分类方法.

1.1 数学模型的建立

1.1.1 波动方程

现有一根均匀柔韧细弦，平衡时沿直线拉紧，弦上相邻的小段之间有张力. 然后拉动细弦让其在竖直平面内做微小的横振动(弦上每点在水平方向上的位移近似为零)，细弦振动时没有外力作用其上，研究其振动规律. 如图所示，令$u(x,t)$表示弦在x处t时刻的位移，$T(x,t)$表示弦上的张力，常数ρ表示弦的密度. 张力沿着弦的切线方向，弦的重力一般只有张力的万分之一，可以忽略不计.

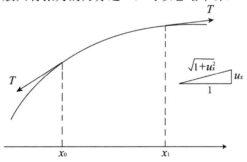

任取弦的很小一段$[x_0,x_1]$，利用牛顿第二运动定律对这一小段弦做分析
水平方向

$$\frac{T}{\sqrt{1+u_x^2}}\bigg|_{x_0}^{x_1}=0$$

竖直方向

$$\frac{Tu_x}{\sqrt{1+u_x^2}}\bigg|_{x_0}^{x_1}=\int_{x_0}^{x_1}\rho u_{tt}\,\mathrm{d}s$$

因为振动微小，即$|u_x|$很小，所以$\sqrt{1+u_x^2}=1+\frac{1}{2}u_x^2+\cdots\approx 1$, 从而由第一个方程知$T$与$x$无关. 又因为弧长微元$\mathrm{d}s=\sqrt{1+u_x^2}\,\mathrm{d}x\approx\mathrm{d}x$, 所以弦的长度近似不变，从而弦

的长度与时间t无关, 由胡克定律知张力T也与t无关, 故T为常数. 由第二个方程可得

$$\int_{x_0}^{x_1} (Tu_x)_x \, \mathrm{d}x = \int_{x_0}^{x_1} \rho u_{tt} \, \mathrm{d}x \; \Rightarrow \; (Tu_x)_x = \rho u_{tt},$$

即

$$u_{tt} = c^2 u_{xx}, \tag{1.1.1}$$

其中$c = \sqrt{T/\rho}$, 此方程称为弦振动方程或一维波动方程, 参数c称为波速.

用上面的分析方法还可以将此方程做如下推广:

1. 存在空气阻力ru_t的情况: $u_{tt} - c^2 u_{xx} + ru_t = 0, \; r > 0$;

2. 存在弹性阻力ku的情况: $u_{tt} - c^2 u_{xx} + ku = 0, \; k > 0$;

3. 存在外力$f(x,t)$的情况: $u_{tt} - c^2 u_{xx} = f(x,t)$.

接下来, 我们将弦振动方程做空间变量上的推广, 将其推广到二维和三维波动方程. 二维情形即为鼓面(薄膜)振动问题, 设有一个均匀柔韧鼓面, 初始时刻鼓面静止于xOy平面中, 然后敲打鼓面让鼓面微小振动, 鼓面开始振动后没有外力作用其上. 假设鼓面没有水平方向振动, $u(x,y,t)$是其竖直方向位移.

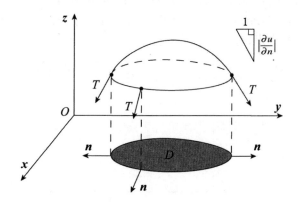

任意选取鼓面上一块区域D, 与一维弦振动分析类似, 在水平方向上分析可得鼓面张力T与位置和时间均无关, 在竖直方向上分析可得

$$\int_{\partial D} T \frac{\partial u}{\partial n} \mathrm{d}s = \iint_D \rho u_{tt} \mathrm{d}x \mathrm{d}y,$$

其中n是边界∂D的单位外法向量, 利用曲线积分中的Green公式将上式改写为

$$\iint_D \nabla \cdot (T\nabla u) \mathrm{d}x \mathrm{d}y = \iint_D \rho u_{tt} \mathrm{d}x \mathrm{d}y,$$

因为D是任意取的, 所以可得 $\rho u_{tt} = \nabla \cdot (T\nabla u)$, 即

$$u_{tt} = c^2 (u_{xx} + u_{yy}), \tag{1.1.2}$$

其中$c = \sqrt{T/\rho}$是波速, $\nabla \cdot \nabla = \partial_x^2 + \partial_y^2 = \Delta$是二维Laplace算子.

对于三维波动方程, 利用曲面积分中的Gauss公式亦可推导出来

$$u_{tt} = c^2(u_{xx} + u_{yy} + u_{zz}),$$ (1.1.3)

具体过程留给读者写出. 三维波动方程可以用来刻画弹性体中的固态振动, 空气中声波的传播, 电磁波的传播等物理现象.

注 1.1　在多元函数微积分中, 我们知道Gauss公式是三维情况下的散度定理, 而Green公式恰恰是二维情况下的散度定理, 下面来说明理由. 设区域$D \subset \mathbb{R}^2$, $\partial D \in C^1$, $P(x,y)$, $Q(x,y)$有连续的偏导数, 则Green公式是

$$\int_{\partial D} P\, \mathrm{d}x + Q\, \mathrm{d}y = \iint_D (Q_x - P_y)\, \mathrm{d}x\mathrm{d}y,$$

其中∂D的方向是逆时针方向, 故∂D上任意一点处的单位切向量为$(\mathrm{d}x/\mathrm{d}s, \mathrm{d}y/\mathrm{d}s)$, 所以$\partial D$的单位外法向量为$n = (\mathrm{d}y/\mathrm{d}s, -\mathrm{d}x/\mathrm{d}s)$. 记向量场$\mathbf{F} = (Q, -P)$, 则

$$\nabla \cdot \mathbf{F} = Q_x - P_y,$$

$$\mathbf{F} \cdot n\, \mathrm{d}s = (Q, -P) \cdot (\mathrm{d}y/\mathrm{d}s, -\mathrm{d}x/\mathrm{d}s)\, \mathrm{d}s = P\, \mathrm{d}x + Q\, \mathrm{d}y,$$

故

$$\int_{\partial D} \mathbf{F} \cdot n\, \mathrm{d}s = \iint_D \nabla \cdot \mathbf{F}\, \mathrm{d}x\mathrm{d}y,$$

此即为二维情况下的散度定理.

1.1.2　热传导方程

设绝热管中充满不流动的液体, 考虑液体的温度关于空间和时间的变化规律. 令$u(x,t)$表示液体在x处t时刻的温度, 常数C表示液体的比热容, 常数ρ表示液体的密度. 如下图所示, 在管中任意选取很小的一段$[x_0, x_1]$来做热能变化分析.

这一段的热能及其变化率为

$$H(t) = \int_{x_0}^{x_1} C\rho\, u(x,t)\, \mathrm{d}x, \quad H'(t) = \int_{x_0}^{x_1} C\rho\, u_t(x,t)\, \mathrm{d}x.$$

这一段热能的变化产生的原因是端点处热能的流入和流出(热流), 所以由Fick定律知

$$H'(t) = \tilde{k} u_x(x_1, t) - \tilde{k} u_x(x_0, t),$$

其中常数$\tilde{k} > 0$. 因而

$$\int_{x_0}^{x_1} C\rho\, u_t(x,t)\, \mathrm{d}x = \tilde{k} u_x(x_1, t) - \tilde{k} u_x(x_0, t) = \int_{x_0}^{x_1} \tilde{k}\, u_{xx}\, \mathrm{d}x,$$

所以

$$u_t = k\, u_{xx},$$ (1.1.4)

其中 $k = \tilde{k}/C\rho$ 称为热传导系数或热扩散系数. 如果管中存在热源(热汇)，则方程变为非齐次方程

$$u_t - k u_{xx} = f(x,t).$$

上面管中的热传导方程也可以推广到二维和三维的情况. 比如利用散度定理可以推导出三维导热体的热传导方程

$$u_t = k(u_{xx} + u_{yy} + u_{zz}) = k \Delta u, \tag{1.1.5}$$

具体推导过程留给读者给出. 上述热传导(扩散)方程也可以用来刻画其他扩散现象，比如化学物质的扩散、生物种群的扩散等等.

1.1.3 稳态方程

如果前面讨论的波动方程和热扩散方程中的物理量达到稳定状态，不再随时间变化而变化，则 $u_t = u_{tt} = 0$，从而波动方程和热扩散方程变为

$$\Delta u = u_{xx} + u_{yy} + u_{zz} = 0, \tag{1.1.6}$$

这个方程称为拉普拉斯方程，它的解称为调和函数. 在一维情况下，拉普拉斯方程简化为 $u_{xx} = 0$，所以其解为 $u = c_1 x + c_2$. 至于二维和三维的情况会有很大不同，后面各章中会具体研究. 拉普拉斯方程可以推广为非齐次方程

$$-\Delta u = f, \tag{1.1.7}$$

该方程称为泊松方程. 方程(1.1.6)和(1.1.7)也称为位势方程，在静电场模型中，f 表示场源电荷分布密度(忽略比例常数)，u 表示静电场的电势分布函数. 该静电场模型可以由麦克斯韦方程组推导出来. 事实上，由麦克斯韦方程组知，静电场的电场强度 $\mathbf{E}(x,y,z)$ 满足

$$\nabla \cdot \mathbf{E}(x,y,z) = \frac{4\pi}{\varepsilon} \rho(x,y,z), \quad (x,y,z) \in \mathbb{R}^3,$$

其中 $\rho(x,y,z)$ 为静电场的电荷分布密度，ε 是介电常数. 设 $u(x,y,z)$ 是静电场的电势分布函数，即 $\mathbf{E} = -\nabla u$，将其代入上式即得

$$\nabla \cdot (-\nabla u) = -\Delta u = \frac{4\pi}{\varepsilon} \rho.$$

如果波动方程

$$u_{tt} - c^2 \Delta u = 0$$

中，函数 $u(x,y,z,t)$ 随时间周期变化，频率为 ω，即

$$u(x,y,z,t) = v(x,y,z)e^{i\omega t},$$

则 $v(x,y,z)$ 满足 Helmholtz 方程

$$\Delta v + k^2 v = 0,$$

其中 $k = \omega/c$ 称为波数，Helmholtz 方程也是一个稳态方程.

1.2　定解问题

1.2.1　定解条件

我们先求解一个最简单的偏微分方程来认识一下什么是偏微分方程的通解与特解. 考虑如下传输方程

$$u_t + bu_x = 0, \quad x \in \mathbb{R}, t > 0. \tag{1.2.1}$$

将方程写成如下的形式

$$(b,1) \cdot (u_x, u_t) = 0,$$

利用方向导数的观点知，解$u(x,t)$在(x,t)坐标系中的方向为$(b,1)$的直线上取值不变. 所以可令$z(s) = u(x+sb, t+s)$，则

$$z'(s) = bu_x(x+sb, t+s) + u_t(x+sb, t+s) = 0,$$

所以

$$u(x,t) = z(0) = z(-t) = u(x-bt, 0) := f(x-bt).$$

这样该方程的通解为$u(x,t) = f(x-bt)$，其中f为任意可微函数. 若要确定函数f，则需要加上定解条件，比如可以用如下初始条件

$$u(x,0) = g(x), \quad x \in \mathbb{R},$$

此时特解为$u(x,t) = g(x-bt)$. 从本例我们可以认识到，偏微分方程(PDE)的通解含有未知函数，要确定这些未知函数就需要用到定解条件，这个特点与常微分方程(ODE)类似，只不过ODE的通解含有的是未知常数而已.

偏微分方程的定解条件一般分为两大类，即初始条件(I.C.)和边界条件(B.C.).

初始条件用来刻画在某一时刻的物理状态，比如热传导模型的初始条件是

$$u(x,t_0) = \phi(x), \tag{1.2.2}$$

其中$\phi(x)$是一个给定函数，表示导热液体在t_0时刻的温度. 对于弦振动方程，则需要一对初始条件

$$u(x,t_0) = \varphi(x), \quad u_t(x,t_0) = \psi(x), \tag{1.2.3}$$

其中$\varphi(x)$表示弦在t_0时刻的位置，而$\psi(x)$表示弦在t_0时刻的速度. 从物理背景可以看出它们必须都确定下来，才可以求出弦在后面时刻的位置$u(x,t)$.

数学物理模型中，一般会有偏微分方程成立的区域D. 对于弦振动模型来说，D就是区间$0 < x < l$，所以边界∂D就是两个端点$x = 0$, $x = l$；对于鼓面(薄膜)振动模型来说，D就是平面区域，边界∂D就是一个闭合曲线；对于导热液体的热扩散模型来说，D就是液体的容器，此时边界∂D就是一个曲面；对于三维静电场模型来说，D就是整个三维空间，此时可以认为边界在无穷远处.

从物理背景考虑，需要一定的边界条件来确定各个偏微分方程的特解. 一般来说有如下三种边界条件：

Dirichlet边界条件 u 在边界处的值给定,

Neumann边界条件 $\dfrac{\partial u}{\partial n}$ 在边界处的值给定,

Robin边界条件 $\dfrac{\partial u}{\partial n} + \sigma u$ 在边界处的值给定,

其中$\frac{\partial u}{\partial n}$是$u$在边界处的外法方向导数，$\sigma$是一个函数，称为Robin系数. 一般将边界条件写成等式的形式，比如Neumann边界条件写成

$$\frac{\partial u}{\partial n} = g(x,t), \tag{1.2.4}$$

其中$g(x,t)$是一个给定函数，称之为边界数据. 如果边界数据$g(x,t) \equiv 0$，则称边界条件是齐次的.

边界条件在不同的数学模型中具有不同的物理含义. 例如

- 弦振动模型 设弦的两端是固定的，比如吉他的琴弦，此时边界条件是齐次Dirichlet边界条件$u(0,t) = u(l,t) = 0$. 如果琴弦的一端可以无阻力地自由滑动，此时端点处没有张力，所以$u_x = 0$，这是齐次Neumann边界条件. 如果弦的一端可以在弹性阻力下做滑动，则我们得到齐次Robin边界条件. 最后如果弦在外力作用下做某个特殊的滑动，则我们得到非齐次Dirichlet边界条件.

- 热扩散模型 设导热体的边界温度分布已知，则得到Dirichlet边界条件. 如果导热体在边界处是绝热的，则边界处没有热的传导(热流)，此时是齐次Neumann边界条件$\frac{\partial u}{\partial n} = 0$. 最后，考虑有界杆$0 \le x \le l$上的热传导问题，在端点$x = l$处外部温度为$g(t)$，那么在此端点处的热交换满足Newton冷却定律，则

$$\frac{\partial u}{\partial x}(l,t) = -\sigma\big[u(l,t) - g(t)\big],$$

其中$\sigma > 0$，此时就是非齐次Robin边界条件.

1.2.2 定解问题及其适定性

偏微分方程加上定解条件构成定解问题，具体来说常见如下定解问题：

- 波动方程+边界条件+初始条件$\Rightarrow$ 初边值问题；

- 波动方程+初始条件$\Rightarrow$ 初值问题；

- 热扩散方程+边界条件+初始条件$\Rightarrow$ 初边值问题；

- 热扩散方程+初始条件$\Rightarrow$ 初值问题；

- 位势方程+边界条件$\Rightarrow$ 边值问题.

一个定解问题是适定的，要同时满足解是存在的，解是唯一的且解是稳定的. 这里的稳定性是指如果定解问题的输入数据发生小的变化则对应的解的变化也很小. 下面我们通过一个例子来说明适定性. 考虑如下的弦振动问题

$$\begin{cases} u_{tt} - c^2 u_{xx} = f(x,t), & 0 < x < l, \, t > 0, \\ u(0,t) = g(t), \quad u(l,t) = h(t), & t \geq 0, \\ u(x,0) = \varphi(x), \quad u_t(x,0) = \psi(x), & 0 \leq x \leq l. \end{cases} \quad (1.2.5)$$

这个问题的输入数据包括五个函数 $f(x,t), g(t), h(t), \varphi(x), \psi(x)$. 存在唯一性是说，对于任意的函数 f, g, h, φ, ψ，该问题总是存在唯一解 $u(x,t)$. 而稳定性是说，如果这五个函数发生了小扰动，那么解 $u(x,t)$ 也只是发生了小的变化. 要精确地刻画函数的小变化，数学上需要用到函数在函数空间中的"度量"，"范数"等概念，超出了本课程的教学要求，在这里我们就不展开讨论了，在第二章和第三章我们会介绍几个最简单的函数空间.

1.3 线性方程的基本概念

1.3.1 线性算子与线性方程

前面所涉及的偏微分方程都可以写成 $Lu = f$ 的形式，这里 Lu 表示对函数 u 做一些运算，我们将 L 称为算子. 如果算子 L 满足

$$L(c_1 u_1 + c_2 u_2 + \cdots + c_k u_k) = c_1 L u_1 + c_2 L u_2 + \cdots + c_k L u_k, \quad (1.3.1)$$

这里 $c_1, c_2, \cdots, c_k$ 是任意常数，$u_1, u_2, \cdots, u_k$ 是任意函数，那么 L 称为线性算子.

一个线性偏微分方程总可以简记为 $Lu = f$，其中 L 是线性算子. 若 $f = 0$，则为齐次方程；若 $f \neq 0$，则是非齐次方程. 对于边界条件来说，也可以用同样的处理方法，记边界条件为 $Bu = g$，其中 B 是一个线性算子，若 $g = 0$，则为齐次边界条件；若 $g \neq 0$，则是非齐次边界条件.

对于线性偏微分方程我们常用如下的线性叠加原理.

定理 1.1 设 u_j，$j = 1, 2, \cdots, k$ 满足线性方程 $Lu_j = f_j$ 和相应的线性边界条件 $Bu_j = g_j$，$c_1, c_2, \cdots, c_k$ 是任意常数，则 $\{u_j\}$ 的线性组合

$$u = c_1 u_1 + c_2 u_2 + \cdots + c_k u_k$$

满足

$$Lu = c_1 f_1 + c_2 f_2 + \cdots + c_k f_k, \quad Bu = c_1 g_1 + c_2 g_2 + \cdots + c_k g_k.$$

对于既包含非齐次线性方程又包含非齐次线性边界条件的定解问题，常见如下的线性拆分技巧. 考虑问题

$$Lu = f, \quad Bu = g.$$

一般来说这个问题不易求解，那么我们将其分解为两个相对简单的问题

(I) $Lv = f$, $Bv = 0$;   齐次边界条件

(II) $Lw = 0$, $Bw = g$.   齐次微分方程

求出这两个问题的解v和w，则原来问题的解 $u = v + w$.

1.3.2   一阶线性偏微分方程的特征线法

[1]一阶线性偏微分方程是最简单的线性偏微分方程. 在本章第二节中，我们学会了求解运输方程，而运输方程就是典型的一阶线性偏微分方程. 值得注意的是虽然一般形式的一阶线性偏微分方程相比运输方程复杂一些，但是其求解方法却和运输方程类似. 下面我们就以两个变量的一阶线性偏微分方程为例来说明其求解方法.

考虑下面的一阶线性偏微分方程初值问题

$$\begin{cases} u_t + a(x,t)u_x + b(x,t)u = f(x,t), & x \in \mathbb{R},\, t > 0, \\ u(x,0) = g(x), & x \in \mathbb{R}. \end{cases} \tag{1.3.2}$$

求解思路：改造一下运输方程的求解方法，我们令曲线$x = x(t)$满足$\dfrac{\mathrm{d}x}{\mathrm{d}t} = a(x(t),t)$.
记 $U(t) = u(x(t),t)$，计算导数

$$\frac{\mathrm{d}U}{\mathrm{d}t} = u_t + u_x\frac{\mathrm{d}x}{\mathrm{d}t} = u_t + a(x(t),t)u_x,$$

所以

$$\frac{\mathrm{d}U}{\mathrm{d}t} + b(x(t),t)U = f(x(t),t).$$

设曲线$x = x(t)$起点$x(0) = c$, 这里的c是一个参数，则得到一个关于函数$x = x(t)$的常微分方程初值问题

$$\begin{cases} \dfrac{\mathrm{d}x}{\mathrm{d}t} = a(x(t),t), \\ x(0) = c. \end{cases} \tag{1.3.3}$$

从而得到关于函数$U(t)$的常微分方程初值问题

$$\begin{cases} \dfrac{\mathrm{d}U}{\mathrm{d}t} + b(x(t),t)U = f(x(t),t), \\ U(0) = g(c). \end{cases} \tag{1.3.4}$$

解出这两个常微分方程初值问题，得到解$x = x(t;c)$和$U = U(t;c)$，再消去参数c, 即得原问题(1.3.2)的解$u(x,t)$. 我们将曲线$x = x(t;c)$称为特征线，将这种求解方法称为特征线法.

---

[1]一阶线性偏微分方程的特征线法作为选学内容，可留给同学自学.

例 1.1　　求解初值问题

$$\begin{cases} u_t + (x+t)u_x + u = x, & x \in \mathbb{R}, \, t > 0, \\ u(x,0) = x, & x \in \mathbb{R}. \end{cases} \tag{1.3.5}$$

解　　先考虑关于函数 $x = x(t)$ 的常微分方程初值问题

$$\begin{cases} \dfrac{\mathrm{d}x}{\mathrm{d}t} = x + t, \\ x(0) = c. \end{cases} \tag{1.3.6}$$

得到该问题的特征线

$$x(t) = e^t - t - 1 + ce^t,$$

并得到 $c = (x + t + 1)e^{-t} - 1$. 令 $U(t) = u(x(t), t)$, 接着求解关于函数 $U(t)$ 的常微分方程初值问题

$$\begin{cases} \dfrac{\mathrm{d}U}{\mathrm{d}t} + U = e^t - t - 1 + ce^t, \\ U(0) = c. \end{cases} \tag{1.3.7}$$

解出

$$U(t) = -t + \frac{1}{2}(e^t - e^{-t}) + \frac{c}{2}(e^t - e^{-t}),$$

最后将 $c = (x + t + 1)e^{-t} - 1$ 代入得问题 (1.3.5) 的解

$$u(x,t) = \frac{1}{2}(x - t + 1) - e^{-t} + \frac{1}{2}(x + t + 1)e^{-2t}.$$

$\square$

　　上面我们给出了求解两个变量的一阶线性偏微分方程的特征线方法, 至于一般的 n 个变量的一阶线性偏微分方程也可以类似求解, 有兴趣的同学可以参考文献 [12].

1.3.3　二阶线性偏微分方程的形式及其分类

　　本章第一节里所建立的三个典型方程都是二阶线性常系数偏微分方程, 如何求解它们是本课程的核心内容. 一般来说, 二阶方程的求解比一阶方程的求解要复杂和困难很多, 本书的后面几章都是来探讨二阶线性方程的求解方法. 下面我们先学习如何将一般的二阶线性常系数偏微分方程进行分类. 先看只有两个自变量的情形, 考虑如下的二阶线性常系数偏微分方程

$$a_{11}u_{xx} + 2a_{12}u_{xy} + a_{22}u_{yy} + a_1 u_x + a_2 u_y + a_0 u = 0. \tag{1.3.8}$$

定理 1.2　　通过变量代换 $x = x(\xi, \eta)$, $y = y(\xi, \eta)$, 上述方程 (1.3.8) 可以变形为如下三种标准形式之一:

1. 椭圆型: 如果 $a_{12}^2 < a_{11}a_{22}$, 方程变为

$$u_{\xi\xi} + u_{\eta\eta} + \cdots = 0;$$

2. 双曲型: 如果 $a_{12}^2 > a_{11}a_{22}$, 方程变为

$$u_{\xi\xi} - u_{\eta\eta} + \cdots = 0;$$

3. 抛物型: 如果 $a_{12}^2 = a_{11}a_{22}$, 方程变为

$$u_{\xi\xi} + \cdots = 0.$$

证明　为了计算简单方便, 不妨取 $a_{11} = 1, a_1 = a_2 = a_0 = 0$, 则方程(1.3.8)可化为如下形式

$$(\partial_x + a_{12}\partial_y)^2 u + (a_{22} - a_{12}^2)\partial_y^2 u = 0. \tag{1.3.9}$$

在椭圆型的情况下, $a_{12}^2 < a_{22}$, 寻找变量代换

$$x = x(\xi, \eta), \quad y = y(\xi, \eta),$$

使得

$$\partial_\xi = \partial_x + a_{12}\partial_y, \ \partial_\eta = 0 \cdot \partial_x + \sqrt{a_{22} - a_{12}^2}\partial_y,$$

利用复合函数求偏导数的链式法则分析得

$$x = \xi, \quad y = a_{12}\xi + \sqrt{a_{22} - a_{12}^2}\eta,$$

那么方程变成

$$\partial_\xi^2 u + \partial_\eta^2 u = 0,$$

这是拉普拉斯方程. 其余两种情况可做类似证明.　　　　　　　　　　　　□

容易得到, 弦振动方程是双曲型, 热方程是抛物型, 而位势方程是椭圆型, 它们分属三种不同类型. 以后我们会发现同一类型的方程解的性质近似, 而不同类型的方程解的性质相差很大.

例 1.2　请将下列方程分类:

(1) $u_{xx} - 5u_{xy} = 0$,

(2) $4u_{xx} - 12u_{xy} + 9u_{yy} + u_y = 0$,

(3) $4u_{xx} + 6u_{xy} + 9u_{yy} = 0$.

解　计算 $a_{12}^2 - a_{11}a_{22}$ 可得, (1)为双曲型, (2)为抛物型, (3)为椭圆型.　　□

采用与两个变量的二阶线性常系数偏微分方程类似的分析方法, 可以对多个变量的情况做分类[2], 具体过程需要用到一点线性代数的知识. 假设二阶线性常系数偏

---

[2]对于多个变量的情况下二阶PDE的分类, 初次阅读时只需知道结论.

微分方程中有 n 个自变量，记为 $x_1, x_2, \cdots, x_n$，从而二阶线性常系数方程可写成如下形式

$$\sum_{i,j=1}^{n} a_{ij} u_{x_i x_j} + \sum_{i=1}^{n} a_i u_{x_i} + a_0 u = 0. \tag{1.3.10}$$

因为混合偏导数相等，所以我们可以假设 $a_{ij} = a_{ji}$. 该方程的二阶项(主项)系数矩阵为：$A = (a_{ij})_{n \times n}$，为实对称矩阵. 将方程的主项写成算子二次型的形式，即

$$\sum_{i,j=1}^{n} a_{ij} u_{x_i x_j} = (\partial_{x_1}, \cdots, \partial_{x_n}) A (\partial_{x_1}, \cdots, \partial_{x_n})^T u. \tag{1.3.11}$$

利用线性代数里的结论知，对于实对称矩阵 A，存在一个正交变换 B，即 $B^{-1} = B^T$，使得 $B^T A B$ 是一个对角矩阵 D，即

$$BAB^T = D = \begin{pmatrix} d_1 & & & & \\ & d_2 & & & \\ & & \cdot & & \\ & & & \cdot & \\ & & & & \cdot \\ & & & & & d_n \end{pmatrix}, \tag{1.3.12}$$

其中 $d_1, d_2, \cdots, d_n$ 就是矩阵 A 的特征值. 令列向量 $\mathbf{x} = (x_1, x_2, \cdots, x_n)^T$，做变量代换

$$\xi = B^T \mathbf{x}, \quad \mathbf{x} = B\xi,$$

其中列向量

$$\xi = (\xi_1, \xi_2, \cdots, \xi_n)^T,$$

则由求导数的链式法则知

$$(\partial_{x_1}, \cdots, \partial_{x_n}) = (\partial_{\xi_1}, \cdots, \partial_{\xi_n}) B^T,$$
$$(\partial_{x_1}, \cdots, \partial_{x_n})^T = B (\partial_{\xi_1}, \cdots, \partial_{\xi_n})^T,$$

将此偏导算子向量的结果代入主项(1.3.11)得

$$\sum_{i,j=1}^{n} a_{ij} u_{x_i x_j} = (\partial_{\xi_1}, \cdots, \partial_{\xi_n}) B^T A B (\partial_{\xi_1}, \cdots, \partial_{\xi_n})^T u. \tag{1.3.13}$$

可以看到新的主项系数矩阵变为 $B^T A B = D$. 如果 A 所有特征值 $d_1, d_2, \cdots, d_n$ 同正或同负，则称方程(1.3.10)为椭圆型；如果其中某一个与其他 $n-1$ 个异号，则称方程(1.3.10)为双曲型，如果其中有多个与其余异号，则称方程(1.3.10)为超双曲型；如果有一个为零，其余 $n-1$ 个同号，则称之为抛物型. 超双曲型方程一般在现实中很少出现，所以我们着重研究椭圆型、抛物型和双曲型这三种方程.

习题一

1. 利用散度定理(Gauss公式)推导三维导热体的热传导方程

$$u_t = k(u_{xx} + u_{yy} + u_{zz}) = k\Delta u.$$

2. 一个均匀弹性细杆，一端固定，另外一端受挤压，挤压撤去后细杆产生微小纵振动，试推导此弹性细杆的纵振动方程.

3. 有一个长为l的均匀细杆，内部热源为$f(x,t)$，初始温度为$g(x)$，端点$x = 0$处温度为$\mu(t)$，另外一端$x = l$处与温度为$v(t)$的介质有热交换，请写出该热传导过程的定解问题.

4. 验证 $u_n(x,y) = \sin nx \sinh ny,\ n > 0$ 是方程 $u_{xx} + u_{yy} = 0$ 的解.

5. 观察下列PDE，试问这些PDE是几阶的，是否是线性方程，是否是齐次方程?

(1) $u_t - u_{xx} + 1 = 0,$

(2) $u_t - u_{xx} + xu = 0,$

(3) $u_t - u_{xxt} + uu_x = 0,$

(4) $u_{tt} - u_{xx} + u^2 = 0,$

(5) $iu_t - u_{xx} + u/x = 0,$

(6) $u_x(1 + u_x^2)^{-1/2} + u_y(1 + u_y^2)^{-1/2} = 0,$

(7) $u_x + e^y u_y = 0,$

(8) $u_t + u_{xxxx} + \sqrt{1 + u} = 0.$

6. 用特征线法求解下列方程的通解.

(1) $u_x + 2xy^2 u_y = 0,$ (2) $(1 + x^2)u_x + u_y = 0,$

(3) $au_x + bu_y + cu = 0,$ 其中a, b, c为非零常数.

7. 判断空气动力学中的特里科米 (Tricomi) 方程 $yu_{xx} + u_{yy} = 0$ 的类型.

8. 考虑方程$3u_y + u_{xy} = 0$，请问

(1) 该方程的类型是什么?

(2) 求该方程的通解. (提示令$v = u_y$)

(3) 加上定解条件: $u(x,0) = e^{-3x}$, $u_y(x,0) = 0$，该问题有解吗? 解唯一吗?

第 2 章   傅立叶级数方法

傅立叶级数是高等数学中的重要数学工具，是古典分析走向现代分析的基石，其在解决区域上的偏微分方程具有重要作用. 本章先回顾傅立叶级数的基础知识，然后用分离变量法来求齐次边界条件下各类齐次方程的解，接着讨论在此过程中最关键的一个问题：自共轭算子的特征值问题. 为了求解非齐次方程，我们介绍了特征函数展开法和齐次化原理，接着讲解处理非齐次边界条件的方法，最后给出多重傅立叶级数和求解高维问题的方法.

2.1   傅立叶级数与平方可积空间

设函数 $f(x)$ 以 $2l$ 为周期，考虑用 $[-l, l]$ 上的正交函数系

$$\{\cos\frac{n\pi x}{l}\}_{n=0}^{\infty} \cup \{\sin\frac{n\pi x}{l}\}_{n=1}^{\infty}$$

将 $f(x)$ 线性表出，即

$$f(x) = \frac{a_0}{2} + \sum_{n=1}^{\infty}(a_n\cos\frac{n\pi x}{l} + b_n\sin\frac{n\pi x}{l}), \tag{2.1.1}$$

该级数就称为 $f(x)$ 的傅立叶级数. 由函数系的正交性，可得上式中的傅立叶系数为

$$a_n = \frac{1}{l}\int_{-l}^{l}f(x)\cos\frac{n\pi x}{l}\mathrm{d}x, \ n = 0, 1, 2, \cdots,$$

$$b_n = \frac{1}{l}\int_{-l}^{l}f(x)\sin\frac{n\pi x}{l}\mathrm{d}x, \ n = 1, 2, \cdots.$$

特别地，当 f 为偶函数时，f 展开为余弦级数，即

$$f(x) = \frac{a_0}{2} + \sum_{1}^{\infty}a_n\cos\frac{n\pi x}{l}, \quad a_n = \frac{2}{l}\int_{0}^{l}f(x)\cos\frac{n\pi x}{l}\mathrm{d}x, \ n = 0, 1, 2, \cdots,$$

当 f 为奇函数时，f 展开为正弦级数，即

$$f(x) = \sum_{1}^{\infty}b_n\sin\frac{n\pi x}{l}, \quad b_n = \frac{2}{l}\int_{0}^{l}f(x)\sin\frac{n\pi x}{l}\mathrm{d}x, \ n = 1, 2, \cdots.$$

傅立叶 (Joseph B.Fourier 1768–1830)[3] 发明了傅立叶级数并用来解决了热方程初边值问题，拉格朗日发现函数和它的傅立叶级数未必相等，而狄利克雷(Dirichlet)发现并证明了下面的傅立叶级数的逐点收敛性定理，证明过程见本书附录A.

如果 f 在 $[a,b]$ 上除了有限多个第一类间断点外连续，则称函数 f 分段连续(Piecewise Continuous)，记为 $f \in PC[a,b]$. 如果 $f \in PC[a,b]$ 且 $f' \in PC[a,b]$，则称 f 分段光滑(Piecewise Smooth)，记为 $f \in PS[a,b]$.

---

[3]傅里叶认为对自然界的深刻研究是数学发现的最富饶的源泉，并坚信数学是解决实际问题的最卓越的工具. 这一见解成为傅里叶一生从事学术研究的指导性观点.

定理 2.1 (Dirichlet)　设 f 是周期为 $2l$ 的函数，且 $f \in PS[-l,l]$，则

$$\forall\, x \in (-l,l), \quad \frac{1}{2}[f(x^+) + f(x^-)] = \frac{a_0}{2} + \sum_{1}^{\infty}(a_n \cos\frac{n\pi x}{l} + b_n \sin\frac{n\pi x}{l}),$$

当 $x = \pm l$ 时，傅立叶级数收敛于 $\frac{1}{2}[f(-l^+) + f(l^-)]$.

关于傅立叶级数的一致收敛性，我们有如下定理，证明过程见本书附录A.

定理 2.2　设 f 是周期为 $2l$ 的函数，且 $f \in C[-l,l]$，$f' \in PC[-l,l]$，则 $f(x)$ 的傅立叶级数(2.1.1)在 $[-l,l]$ 上一致收敛于 $f(x)$.

前面提到函数正交的概念，就是两个函数的内积为零，何为函数的内积呢？其实就是将函数看成无穷维的向量，该向量的分量就是该函数在各点的函数值，仿照线性代数中向量内积的概念，可以定义两个函数的内积. 设函数 $f(x), g(x)$，$x \in [a,b]$，则可定义其内积为

$$(f,g) = \int_a^b f(x)\overline{g(x)}\,\mathrm{d}x, \tag{2.1.2}$$

其中 $\overline{g(x)}$ 是 $g(x)$ 的复共轭函数，因而此内积也称为共轭内积. 容易看到共轭内积满足性质

$$(f,g) = \overline{(g,f)}, \quad (\alpha f_1 + \beta f_2, g) = \alpha(f_1, g) + \beta(f_2, g), \quad (f, \alpha g_1 + \beta g_2) = \overline{\alpha}(f, g_1) + \overline{\beta}(f, g_2).$$

其中 α, β 是复常数. 利用内积的定义，相应的函数度量(范数)定义为

$$\|f\| = (f,f)^{1/2} = \left(\int_a^b |f(x)|^2 \mathrm{d}x\right)^{1/2}. \tag{2.1.3}$$

这里的积分是Lebesque积分，如果 $\|f\| = 0$，并不能得出 $f(x) \equiv 0$，只能得到去掉一个零测集外 $f(x) = 0$，称之为 f 几乎处处(almost everywhere)为零，记为 $f = 0$, $a.e..$ 将区间 $[a,b]$ 上所有满足 $\|f\| < \infty$ 的函数构成的集合称为 $[a,b]$ 上的平方可积空间，这个函数空间记为 $L^2[a,b]$，即

$$L^2[a,b] := \{ f \mid \int_a^b |f(x)|^2 \mathrm{d}x < \infty\}.$$

如果两个函数几乎处处相等，那么在 $L^2[a,b]$ 中我们就认为它们是等价的，不再区分它们.

可以证明平方可积空间 $L^2[a,b]$ 有如下重要性质[9, 14]. [4]

(1) 完备性：函数空间 $L^2[a,b]$ 是一个完备空间，即其中的柯西函数列均收敛，即

$$n,m \to \infty, \ \|f_n - f_m\| \to 0 \ \Rightarrow \ \exists\, f \in L^2[a,b], \ \|f_n - f\| \to 0 \ (n \to \infty);$$

(2) 稠密性：可以用 C^{∞} 函数序列在 L^2 范数下逼近其中的任意函数，即

$$\forall\, f \in L^2[a,b], \ \exists\, f_n \in C^{\infty}[a,b], \ \|f_n - f\| \to 0 \ (n \to \infty).$$

现在我们来研究一般的傅立叶级数在平方可积空间中的收敛性.

---

[4]本课程着重于偏微分方程的求解，对于 $L^2[a,b]$ 空间的这两条性质了解即可. 这两条性质对一般的 p 次可积空间 $L^p[a,b]$ $(1 \le p < \infty)$ 也成立.

设函数系$\{\phi_k\}_1^\infty$是$L^2[a,b]$中的标准正交函数系，即

$$(\phi_k,\ \phi_j) = \delta_{kj},$$

其中δ_{kj}称为Kronecker记号，满足

$$\delta_{kj} = 0,\ k \neq j, \qquad \delta_{kj} = 1,\ k = j.$$

考虑函数项级数$\sum_1^\infty c_k\phi_k(x)$在$L^2[a,b]$中的收敛性. 记级数的部分和函数为

$$S_N(x) = \sum_1^N c_k\phi_k(x).$$

如果存在$f \in L^2[a,b]$，使得当$N \to \infty$时，$\|S_N - f\| \to 0$，则称该级数在$L^2[a,b]$中收敛，且和函数为$f(x)$，记为

$$f = \sum_1^\infty c_k\phi_k.$$

此时，$c_k = (f, \phi_k)$称为傅立叶系数，而级数$\sum_1^\infty c_k\phi_k(x)$称为$f$的傅立叶级数.

定理 2.3 (Bessel **不等式**)　　设$\{\phi_k\}_1^\infty$是$L^2[a,b]$中的标准正交函数系，$f \in L^2[a,b]$，令$c_k = (f, \phi_k)$，则$\{c_k\}$满足

$$\sum_1^\infty |c_k|^2 \leq \|f\|^2. \tag{2.1.4}$$

证明

$$\forall N,\ \ \|f - S_N\|^2 = (f - \sum_1^N c_k\phi_k,\ f - \sum_1^N c_k\phi_k) = (f,f) - \sum_1^N |c_k|^2 \geq 0,$$

即

$$\sum_1^N |c_k|^2 \leq \|f\|^2.$$

再令$N \to \infty$，即得(2.1.4).　　　　　　　　　　　　　　　　　　　　　　□

定理 2.4 (Riesz-Fischer)　　设$\{\phi_k\}_1^\infty$是$L^2[a,b]$中的标准正交函数系，若数列$\{c_k\}$满足$\sum_1^\infty |c_k|^2 < \infty$，则级数$\sum_1^\infty c_k\phi_k(x)$在$L^2[a,b]$中收敛于某个函数$f$，并且系数$c_k = (f, \phi_k)$满足 (Parseval 等式)

$$\sum_1^\infty |c_k|^2 = \|f\|^2.$$

证明　　因为当$N \to \infty$时，

$$\|S_{N+p} - S_N\|^2 = \sum_{N+1}^{N+p} |c_k|^2 \to 0,$$

所以$\{S_N\}$是$L^2[a,b]$中的柯西列，由$L^2[a,b]$的性质(1)知$\{S_N\}$在$L^2[a,b]$中收敛.

记$f = \lim S_N$，从而

$$\|f\|^2 = \lim \|S_N\|^2 = \lim \sum_1^N |c_k|^2 = \sum_1^\infty |c_k|^2.$$

□

定义 2.1　设 $\{\phi_k\}_1^\infty$ 是 $L^2[a,b]$ 中的标准正交函数系，如果

$$\forall f \in L^2[a,b], \ (f,\phi_k)=0, \ k=1,2,\cdots \Rightarrow f=0, \ a.e.,$$

则称函数系 $\{\phi_k\}_1^\infty$ 是完备的，并且称 $\{\phi_k\}_1^\infty$ 是 $L^2[a,b]$ 中的一组标准正交基.

定理 2.5　设 $\{\phi_k\}_1^\infty$ 是 $L^2[a,b]$ 中的标准正交函数系，则下面三个条件等价：

(a) $\{\phi_k\}_1^\infty$ 是 $L^2[a,b]$ 中的一组标准正交基;

(b) 对任意的 $f\in L^2[a,b]$，有

$$f=\sum_1^\infty (f,\phi_k)\phi_k, \ a.e.;$$

(c) 对任意的 $f\in L^2[a,b]$，Parseval等式成立，即

$$\sum_1^\infty |(f,\phi_k)|^2 = \|f\|^2.$$

证明　$(a)\Rightarrow(b)$ 因为 $f\in L^2[a,b]$，记 $c_k=(f,\phi_k)$，则由Bessel不等式知

$$\sum_1^\infty |c_k|^2 \le \|f\|^2 < \infty,$$

所以存在函数 $g\in L^2[a,b]$，使得

$$g=\sum_1^\infty c_k\phi_k.$$

容易看到

$$(g-f,\phi_k)=0, \ k=1,2,\cdots,$$

所以 $g-f=0, a.e.$，即

$$f=\sum_1^\infty (f,\phi_k)\phi_k \ a.e..$$

$(b)\Rightarrow(c)$ 由Riesz-Fischer定理即得.

$(c)\Rightarrow(a)$ 因为 $(f,\phi_k)=0, \ k=1,2,\cdots$，所以 $\|f\|=0$，从而 $f=0, a.e..$　　□

例 2.1　记

$$\phi_k(x)=\sqrt{\frac{2}{l}}\sin\frac{k\pi x}{l}, \ k=1,2,\cdots,$$

试证明 $\{\phi_k\}$ 是 $L^2[0,l]$ 的标准正交基.

证明　容易看到 $\{\phi_k\}$ 是 $L^2[0,l]$ 的标准正交函数系. 下面证明该函数系的完备性. 设 $f\in L^2[0,l]$，则由 $L^2[0,l]$ 的性质(2)知，对任意的 $\varepsilon>0$，存在周期为 $2l$ 的奇函数 $\widetilde{f}\in C^\infty$，使得 $\|f-\widetilde{f}\|<\varepsilon/3$. 令

$$c_k=(f,\phi_k), \quad \widetilde{c}_k=(\widetilde{f},\phi_k),$$

利用C^∞函数傅立叶级数的一致收敛性知，取$N(\varepsilon)$充分大，使得

$$\forall\, x \in [0,l], \quad |\widetilde{f} - \sum_1^N \widetilde{c}_k \phi_k| < \frac{\varepsilon}{3\sqrt{l}},$$

则

$$\left\|\widetilde{f} - \sum_1^N \widetilde{c}_k \phi_k\right\| < \varepsilon/3.$$

那么

$$\left\|f - \sum_1^N c_k \phi_k\right\| \le \|f - \widetilde{f}\| + \left\|\widetilde{f} - \sum_1^N \widetilde{c}_k \phi_k\right\| + \left\|\sum_1^N (c_k - \widetilde{c}_k)\phi_k\right\|$$

$$< \varepsilon/3 + \varepsilon/3 + \Big(\sum_1^\infty |c_k - \widetilde{c}_k|^2\Big)^{1/2} \le \varepsilon/3 + \varepsilon/3 + \|f - \widetilde{f}\| < \varepsilon.$$

所以当$N \to \infty$时，

$$\left\|f - \sum_1^N c_k \phi_k\right\| \to 0,$$

即$f(x)$的傅立叶级数在平方可积空间$L^2[0,l]$中收敛于$f(x)$，或者说在空间$L^2[0,l]$中，

$$f(x) = \sum_1^\infty c_k \phi_k(x).$$

由定理2.5知，正交函数系$\{\sqrt{\frac{2}{l}}\sin\frac{k\pi x}{l}\}_{k=1}^\infty$是$L^2[0,l]$的一组标准正交基. 类似可以证明函数系$\{\cos\frac{k\pi x}{l}\}_{k=0}^\infty$也是空间$L^2[0,l]$的一组正交基，以及函数系$\{e^{ik\pi x/l}\}_{k=-\infty}^\infty$是空间$L^2[-l,l]$的一组正交基. $\qquad\square$

2.2　分离变量法

本节通过几个例子来介绍分离变量法的数学思想和注意点.

例 2.2　用分离变量法求解如下的一维波动方程初边值问题

$$\begin{cases} PDE\ \ u_{tt} - a^2 u_{xx} = 0, & 0 < x < l,\ t > 0, \\ B.C.\ \ u(0,t) = u(l,t) = 0, & t \ge 0, \\ I.C.\ \ u(x,0) = \varphi(x),\ u_t(x,0) = \psi(x), & 0 \le x \le l. \end{cases} \tag{2.2.1}$$

解　**Step 1.** 分离变量的想法是寻找变量分离形式的解$u(x,t) = X(x)T(t)$，将其代入PDE中可得

$$X(x)T''(t) - a^2 X''(x)T(t) = 0,$$

做变量分离

$$\frac{T''(t)}{a^2 T(t)} = \frac{X''(x)}{X(x)} = -\lambda,$$

上式左边是t的函数，中间是x的函数，所以右端的λ必为常数.

Step 2. 考虑变量x的方程：$X''(x)/X(x) = -\lambda$，结合B.C.知$X(0) = X(l) = 0$，因而得到如下问题

$$\begin{cases} X''(x) + \lambda X(x) = 0, & 0 < x < l, \\ X(0) = X(l) = 0. \end{cases} \quad (2.2.2)$$

这是一个二阶ODE两点边值问题且常数λ未知，该问题称为特征值问题(Eigenvalue Problem)，与线性代数中的特征值问题类似，要求使得上述(2.2.2)有非零解的实数λ的值及其对应的解，这样的λ称为特征值(Eigenvalue)，对应的解称为特征函数(Eigenfunction)，全体特征函数构成特征函数系.

利用二阶ODE的通解求解该特征值问题.

Case1. $\lambda = -\beta^2 < 0$，则

$$X(x) = Ce^{\beta x} + De^{-\beta x},$$

代入边界条件$X(0) = X(l) = 0$得$C = 0, D = 0$，所以$\lambda < 0$不是特征值.

Case2. $\lambda = 0$，则

$$X(x) = Cx + D,$$

代入边界条件得$C = 0, D = 0$，所以$\lambda = 0$也不是特征值.

Case3. $\lambda = \beta^2 > 0, \beta > 0$，此时

$$X(x) = C\cos\beta x + D\sin\beta x,$$

由$X(0) = 0$知，$C = 0$，又$X(l) = 0$，所以$\sin\beta l = 0$，即$\beta l = n\pi$，这样特征值

$$\lambda_n = (\frac{n\pi}{l})^2, \quad n = 1, 2, \cdots,$$

对应的特征函数为

$$X_n(x) = \sin\frac{n\pi x}{l}, \quad n = 1, 2, \cdots.$$

Step 3. 将特征值代入t的方程得

$$T''(t) + a^2\lambda_n T(t) = 0,$$

求出解为

$$T_n(t) = C_n\cos\frac{an\pi t}{l} + D_n\sin\frac{an\pi t}{l}.$$

Step 4. 令

$$u_n(x,t) = X_n(x)T_n(t),$$

容易看到$u_n(x,t), n = 1, 2, \cdots$均满足PDE和B.C.但未必满足I.C.，怎么办呢？一个关键想法就是将这些$u_n(x,t)$做线性组合，让该组合去满足I.C.. 做线性组合(傅立叶级数)

$$u(x,t) = \sum_1^\infty (C_n\cos\frac{an\pi t}{l} + D_n\sin\frac{an\pi t}{l})\sin\frac{n\pi x}{l},$$

其中C_n, D_n是待定的组合系数，为了求出C_n, D_n，代入初始条件得

$$\varphi(x) = \sum_1^\infty C_n\sin\frac{n\pi x}{l}, \quad \psi(x) = \sum_1^\infty D_n\frac{an\pi}{l}\sin\frac{n\pi x}{l}, \quad (2.2.3)$$

利用正弦级数系数公式得

$$C_n = \frac{2}{l}\int_0^l \varphi(x)\sin\frac{n\pi x}{l}\mathrm{d}x, \quad D_n = \frac{2}{an\pi}\int_0^l \psi(x)\sin\frac{n\pi x}{l}\mathrm{d}x, \quad n = 1,2,\cdots. \quad (2.2.4)$$

综上所述，初边值问题(2.2.1)的解为

$$u(x,t) = \sum_1^\infty \left(\frac{2}{l}\int_0^l \varphi(x)\sin\frac{n\pi x}{l}\mathrm{d}x\cos\frac{an\pi t}{l} + \frac{2}{an\pi}\int_0^l \psi(x)\sin\frac{n\pi x}{l}\mathrm{d}x\sin\frac{an\pi t}{l}\right)\sin\frac{n\pi x}{l}. \quad (2.2.5)$$

$\square$

注 2.1　可以证明[8]，解表达式(2.2.5)中，初始条件$\varphi(x)$，$\psi(x)$充分光滑(比如$\phi \in C^3[0,l]$, $\psi \in C^2[0,l]$)，且$\phi(x)$，$\psi(x)$满足相容性条件

$$\varphi(0) = \varphi(l) = \varphi''(0) = \varphi''(l) = \psi(0) = \psi(l) = 0,$$

则解的级数表达式点点收敛，且可以逐项求导两次，从而保证解(2.2.5)是初边值问题(2.2.1)的古典解. 这里的古典解是指解$u(x,t)$满足

$$u(\cdot,t) \in C^2(0,l)\cap C[0,l], \quad u(x,\cdot) \in C^2(0,+\infty)\cap C[0,+\infty).$$

另外，还可以利用能量积分法证明，解(2.2.5)是唯一的、稳定的.

如果初始数据$\varphi(x)$，$\psi(x)$的光滑性不够，比如仅是连续函数，或者不满足相容性条件，则不能保证解(2.2.5)是问题(2.2.1)的古典解，但从物理上来理解，该解是有意义的，一般称之为问题(2.2.1)的广义解. 如何从数学的角度理解该广义解呢?

记级数解(2.2.5)的部分和函数为

$$u_N(x,t) = \sum_1^N \left(\frac{2}{l}\int_0^l \varphi(x)\sin\frac{n\pi x}{l}\mathrm{d}x\cos\frac{an\pi t}{l} + \frac{2}{an\pi}\int_0^l \psi(x)\sin\frac{n\pi x}{l}\mathrm{d}x\sin\frac{an\pi t}{l}\right)\sin\frac{n\pi x}{l},$$

则$u_N(x,t)$是定解问题

$$\begin{cases} u_{tt} - a^2 u_{xx} = 0, & 0 < x < l, \ t > 0, \\ u(0,t) = u(l,t) = 0, & t \geq 0, \\ u(x,0) = \varphi_N(x), \ u_t(x,0) = \psi_N(x), & 0 \leq x \leq l, \end{cases} \quad (2.2.6)$$

的古典解，其中

$$\varphi_N(x) = \sum_1^N \frac{2}{l}\int_0^l \varphi(x)\sin\frac{n\pi x}{l}\mathrm{d}x \ \sin\frac{n\pi x}{l},$$

$$\psi_N(x) = \sum_1^N \frac{2}{l}\int_0^l \psi(x)\sin\frac{n\pi x}{l}\mathrm{d}x \ \sin\frac{n\pi x}{l}.$$

容易看到，当$\varphi(x)$，$\psi(x)$是连续函数时，

$$\varphi_N, \ \psi_N \in C^\infty[0,l], \ \varphi_N(0) = \varphi_N(l) = 0, \ \psi_N(0) = \psi_N(l) = 0,$$

且$\varphi_N(x)$，$\psi_N(x)$在平方可积空间$L^2[0,l]$中收敛于$\varphi(x)$，$\psi(x)$. 由Fourier级数理论知，$u_N(x,t)$在平方可积空间$L^2[0,l]$中收敛于$u(x,t)$，故可将$u_N(x,t)$看成是问题(2.2.1)的一个近似古典解序列，它们在$L^2[0,l]$中收敛于$u(x,t)$.

一般来说，可以根据问题的物理意义和数学上的规定来定义不同函数空间中的各种广义解. 不同函数空间中的广义解，可以理解为近似古典解序列在相应函数空间中的极限. 值得注意的是，广义解作为古典解的推广必须满足：古典解必是广义解；当广义解具有适当光滑性时，它也是古典解. 通过广义解来研究古典解是现代偏微分方程研究的重要方法.

关于古典解、广义解及其适定性的讨论超出了本课程的范围，读者只需了解即可. 在本书中，我们也不再做细致的讨论.

例 2.3　求解如下耗散系统的齐次热方程初边值问题

$$\begin{cases} u_t - ku_{xx} = 0, & 0 < x < l, \ t > 0, \\ u(0,t) = u(l,t) = 0, & t \geq 0, \\ u(x,0) = \phi(x), & 0 \leq x \leq l. \end{cases} \quad (2.2.7)$$

解　令 $u(x,t) = X(x)T(t)$，将其代入PDE中可得

$$X(x)T'(t) - kX''(x)T(t) = 0,$$

做变量分离

$$\frac{T'(t)}{kT(t)} = \frac{X''(x)}{X(x)} = -\lambda.$$

上式左边是 t 的函数，中间是 x 的函数，所以右端的 λ 必为常数.

求解特征值问题

$$\begin{cases} X''(x) + \lambda X(x) = 0, & 0 < x < l, \\ X(0) = X(l) = 0. \end{cases} \quad (2.2.8)$$

解得，特征值为

$$\lambda_n = (\frac{n\pi}{l})^2, \ n = 1, 2, \cdots,$$

对应的特征函数为

$$X_n(x) = \sin\frac{n\pi x}{l}, \ n = 1, 2, \cdots.$$

将特征值代入 t 的方程得

$$T'(t) + k\lambda_n T(t) = 0,$$

求出解为 $T_n(t) = e^{-k\lambda_n t}$，令

$$u(x,t) = \sum_1^\infty A_n e^{-k\lambda_n t} \sin\frac{n\pi x}{l},$$

代入初始条件得

$$\phi(x) = \sum_1^\infty A_n \sin\frac{n\pi x}{l}.$$

将函数 $\phi(x)$ 在 $[0,l]$ 上做正弦展开即可得到组合系数

$$A_n = \frac{2}{l} \int_0^l \phi(x) \sin\frac{n\pi x}{l} \mathrm{d}x, \ n = 1, 2, \cdots. \quad (2.2.9)$$

$\square$

例 2.4　求解如下绝热系统的齐次热方程初边值问题

$$\begin{cases} u_t - ku_{xx} = 0, & 0 < x < l, \ t > 0, \\ u_x(0,t) = u_x(l,t) = 0, & t \geq 0, \\ u(x,0) = \phi(x), & 0 \leq x \leq l. \end{cases} \quad (2.2.10)$$

解　本例与上例的区别在于边界条件是齐次Neumann条件. 与上例一样，用分离变量法，设$u(x,t) = X(x)T(t)$，将其代入PDE中可得

$$X(x)T'(t) - kX''(x)T(t) = 0,$$

做变量分离

$$\frac{T'(t)}{kT(t)} = \frac{X''(x)}{X(x)} = -\lambda,$$

其中λ为常数.

考虑变量x的方程，结合B.C.知$X'(0) = X'(l) = 0$，得到如下问题

$$\begin{cases} X''(x) + \lambda X(x) = 0, & 0 < x < l, \\ X'(0) = X'(l) = 0. \end{cases}$$

与前面的讨论方法类似可得该特征值问题的解如下

$$e.v. \ \lambda_n = \left(\frac{n\pi}{l}\right)^2, \quad e.f. \ X_n = \cos\frac{n\pi x}{l}, \quad n = 0, 1, 2, \cdots.$$

注意，在齐次Neumann条件下，$\lambda_0 = 0$也是一个特征值，对应的特征函数是$X_0 = 1$.

将特征值代入t的方程得

$$T'(t) + k\lambda_n T(t) = 0,$$

求出解为

$$T_0(t) = 1, \quad T_n(t) = e^{-k\lambda_n t}, \ n = 1, 2, \cdots.$$

令

$$u(x,t) = \frac{A_0}{2} + \sum_{1}^{\infty} A_n e^{-k\lambda_n t} \cos\frac{n\pi x}{l},$$

代入初始条件得

$$\phi(x) = \frac{A_0}{2} + \sum_{1}^{\infty} A_n \cos\frac{n\pi x}{l}.$$

将函数$\phi(x)$在$[0,l]$上做余弦展开即可得到组合系数

$$A_n = \frac{2}{l}\int_0^l \phi(x)\cos\frac{n\pi x}{l}\mathrm{d}x, \ n = 0, 1, 2, \cdots.$$

$\square$

如果将问题(2.2.10)中的边界条件改为齐次Robin边界条件(边界处有热交换)，讨论方法类似，只不过需要解一个带齐次Robin边界条件的特征值问题，类似特征值问题的讨论参见例2.7.

例 2.5   用分离变量法求解矩形区域上的拉普拉斯方程边值问题

$$\begin{cases} u_{xx} + u_{yy} = 0, & 0 < x < a, \ 0 < y < b, \\ u(0,y) = u(a,y) = 0, & 0 \le y \le b, \\ u(x,0) = \varphi(x), \ u(x,b) = \psi(x), & 0 \le x \le a. \end{cases} \tag{2.2.11}$$

解   设 $u(x,y) = X(x)Y(y)$，代入PDE变量分离后可得

$$\frac{X''(x)}{X(x)} = -\frac{Y''(y)}{Y(y)} = -\lambda,$$

结合边界条件 $u(0,y) = u(a,y) = 0$ 可得特征值问题

$$\begin{cases} X''(x) + \lambda X(x) = 0, & 0 < x < a, \\ X(0) = X(a) = 0. \end{cases} \tag{2.2.12}$$

解得特征值为

$$\lambda_n = \left(\frac{n\pi}{a}\right)^2, \ n = 1, 2, \cdots,$$

对应的特征函数为

$$X_n(x) = \sin\frac{n\pi x}{a}, \ n = 1, 2, \cdots.$$

将特征值代入 y 的方程得

$$Y''(y) - \lambda_n Y(y) = 0,$$

解之得

$$Y(y) = C_n \cosh\frac{n\pi y}{a} + D_n \sinh\frac{n\pi y}{a},$$

做线性组合

$$u(x,y) = \sum_{1}^{\infty} \left(C_n \cosh\frac{n\pi y}{a} + D_n \sinh\frac{n\pi y}{a}\right) \sin\frac{n\pi x}{a},$$

使之满足边界条件 $u(x,0) = \varphi(x), \ u(x,b) = \psi(x)$，于是

$$\varphi(x) = \sum_{1}^{\infty} C_n \sin\frac{n\pi x}{a},$$

$$\psi(x) = \sum_{1}^{\infty} \left(C_n \cosh\frac{n\pi b}{a} + D_n \sinh\frac{n\pi b}{a}\right) \sin\frac{n\pi x}{a}, \tag{2.2.13}$$

由傅立叶系数公式知

$$C_n = \frac{2}{a} \int_0^a \varphi(x) \sin\frac{n\pi x}{a} \mathrm{d}x,$$

$$D_n = \frac{1}{\sinh\frac{n\pi b}{a}} \left(\frac{2}{a} \int_0^a \psi(x) \sin\frac{n\pi x}{a} \mathrm{d}x - C_n \cosh\frac{n\pi b}{a}\right). \tag{2.2.14}$$

$$\square$$

注 2.2   通过这四个例子，我们可以看到用分离变量法求解PDE定解问题，一般需要满足两点：(1)方程可以做分离变量；(2)自变量所在的区域是变量分离形式的.

下面我们考虑圆上的拉普拉斯方程边值问题的求解.

例 2.6　设圆域$D: x^2 + y^2 < a^2$, 求解如下边值问题

$$\begin{cases} u_{xx} + u_{yy} = 0, & (x,y) \in D, \\ u = h, & (x,y) \in \partial D. \end{cases} \tag{2.2.15}$$

分析： 对于自变量x, y来说，该PDE是可变量分离的，但是区域D却是不可分离的，如何用分离变量法呢？注意到圆域D用极坐标下的变量r, θ表示出来是

$$D: 0 \le r < a, \ 0 \le \theta < 2\pi,$$

是变量分离形式的，这提示我们可以用极坐标来试一试.

解　先将问题用极坐标表示出来，即

$$\begin{cases} \Delta u = u_{rr} + \dfrac{1}{r} u_r + \dfrac{1}{r^2} u_{\theta\theta} = 0, & (r, \theta) \in D, \\ u(a, \theta) = h(\theta), & 0 \le \theta < 2\pi. \end{cases} \tag{2.2.16}$$

令$u(r,\theta) = R(r)T(\theta)$, 代入PDE可得

$$R''(r)T(\theta) + \frac{1}{r} R'(r)T(\theta) + \frac{1}{r^2} R(r)T''(\theta) = 0,$$

做变量分离得

$$-\frac{r^2 R''(r) + r R'(r)}{R(r)} = \frac{T''(\theta)}{T(\theta)} = -\lambda.$$

易知λ为常数，结合解关于θ的周期性，于是考虑周期条件下的特征值问题

$$\begin{cases} T''(\theta) + \lambda T(\theta) = 0, \\ T(\theta) = T(\theta + 2\pi). \end{cases} \tag{2.2.17}$$

由二阶ODE通解可知$\lambda < 0$时，解不满足周期条件，故$\lambda < 0$不是特征值. 当$\lambda = 0$时，$T_0(t) \equiv 1$是对应的特征函数. 当$\lambda = \beta^2$, $\beta > 0$时，通解为$T(\theta) = A\cos\beta\theta + B\sin\beta\theta$, 因为$T$以$2\pi$为周期，所以$\beta = n$, 此时特征值为$\lambda_n = n^2$, 对应的特征函数为$\cos n\theta$和$\sin n\theta$, 故此时特征子空间是2维的. 将特征值代入$R(r)$的方程得

$$r^2 R''(r) + r R'(r) - n^2 R(r) = 0, \ 0 < r < a,$$

此为欧拉方程，其通解为：

- $n = 0$时，$R(r) = C_0 + D_0 \ln r,$

- $n \ge 1$时，$R(r) = C_n r^n + D_n r^{-n}.$

对于这个问题，需加入自然边界条件 $|R(0)| < \infty$, 将此条件代入通解知 $D_n = 0$, $n = 0, 1, \cdots$. 现在，令

$$u(r, \theta) = \frac{A_0}{2} + \sum_1^\infty (A_n \cos n\theta + B_n \sin n\theta) r^n,$$

代入边界条件得

$$h(\theta) = \frac{A_0}{2} + \sum_1^\infty (A_n \cos n\theta + B_n \sin n\theta) a^n,$$

由傅立叶系数公式知

$$A_n = \frac{1}{\pi a^n} \int_0^{2\pi} h(\theta) \cos n\theta \, d\theta, \quad n = 0, 1, 2, \cdots,$$

$$B_n = \frac{1}{\pi a^n} \int_0^{2\pi} h(\theta) \sin n\theta \, d\theta, \quad n = 1, 2, \cdots.$$

$\square$

注 2.3   将系数 A_n, B_n 代入解的表达式可得

$$u(r_0, \theta_0) = \frac{1}{2\pi} \int_0^{2\pi} \left[1 + 2 \sum_1^\infty (\frac{r_0}{a})^n \cos n(\theta_0 - \theta) \right] h(\theta) \, d\theta,$$

再利用欧拉公式和等比级数求和公式可得

$$1 + 2 \sum_1^\infty (\frac{r_0}{a})^n \cos n(\theta_0 - \theta) = 1 + \sum_1^\infty (\frac{r_0}{a})^n e^{in(\theta_0 - \theta)} + \sum_1^\infty (\frac{r_0}{a})^n e^{-in(\theta_0 - \theta)}$$

$$= 1 + \frac{r_0 e^{i(\theta_0 - \theta)}}{a - r_0 e^{i(\theta_0 - \theta)}} + \frac{r_0 e^{-i(\theta_0 - \theta)}}{a - r_0 e^{-i(\theta_0 - \theta)}} = \frac{a^2 - r_0^2}{a^2 + r_0^2 - 2a r_0 \cos(\theta - \theta_0)},$$

最后得到解的积分表达式 (泊松公式)

$$u(r_0, \theta_0) = \frac{a^2 - r_0^2}{2\pi} \int_0^{2\pi} \frac{h(\theta)}{a^2 + r_0^2 - 2a r_0 \cos(\theta - \theta_0)} \, d\theta.$$

2.3   自共轭算子的特征值问题

在上节中，我们看到求解特征值问题是用分离变量法求解偏微分方程的关键一步，本节就来研究自共轭算子的特征值问题，先来看几个具体的例子.

例 2.7   求解下列特征值问题

(1) $\phi'' + \lambda \phi = 0$, $0 < x < l$, $\phi(0) = \phi'(l) = 0$;

(2) $\phi'' + \lambda \phi = 0$, $0 < x < l$, $\phi(0) = 0$, $\phi'(l) + \sigma \phi(l) = 0, \sigma > 0$ 为常数.

解   (1) 先证明特征值 $\lambda > 0$，方程两边乘 ϕ 并在 $[0, l]$ 上积分得

$$\int_0^l \phi \phi'' + \lambda \phi^2 \, dx = 0,$$

分部积分得

$$\lambda \int_0^l \phi^2 \, dx = -\int_0^l \phi \, d\phi' = -\phi \phi' \big|_0^l + \int_0^l \phi'^2 \, dx = \int_0^l \phi'^2 \, dx.$$

因为特征函数 $\phi \not\equiv 0$，所以 $\int_0^l \phi^2 \, dx > 0$，从而

$$\lambda = \frac{\int_0^l \phi'^2 \, dx}{\int_0^l \phi^2 \, dx} > 0,$$

否则 $\phi'(x) \equiv 0$，又因为 $\phi(0) = 0$，故 $\phi(x) \equiv 0$，这与特征函数不符. 因而现在可设

$\lambda = \beta^2$, $\beta > 0$，求得方程通解为

$$\phi(x) = A\cos\beta x + B\sin\beta x,$$

因为 $\phi(0) = 0$，所以 $A = 0$，又因为 $\phi'(l) = 0$，所以 $\beta\cos\beta l = 0$，从而 $\beta l = (n - \frac{1}{2})\pi$，所以特征值为

$$\lambda_n = \left(\frac{(2n-1)\pi}{2l}\right)^2, \ n = 1, 2, \cdots,$$

对应的特征函数为

$$\phi_n(x) = \sin\frac{(2n-1)\pi x}{2l}, \ n = 1, 2, \cdots.$$

(2)同法可以证明特征值 $\lambda > 0$，过程留给读者. 设 $\lambda = \beta^2$，$\beta > 0$，求得方程通解为

$$\phi(x) = A\cos\beta x + B\sin\beta x,$$

因为 $\phi(0) = 0$，所以 $A = 0$，又因为 $\phi'(l) + \sigma\phi(l) = 0$，所以 $\beta\cos\beta l + \sigma\sin\beta l = 0$，即

$$\tan\beta l = -\frac{\beta}{\sigma}. \tag{2.3.1}$$

这是一个关于未知量 β 的非线性方程(无显式解析表达式可数值求解)，记此方程的第 n 个正解为 β_n，则

特征值：$\lambda_n = \beta_n^2$, $n = 1, 2, \cdots,$　　特征函数：$\sin\beta_n x$, $n = 1, 2, \cdots.$

□

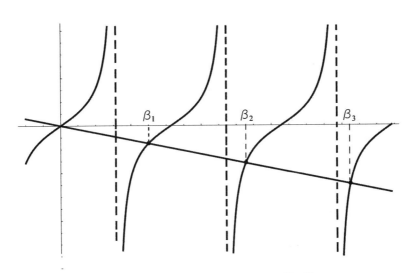

在上面的例子中，我们得到了两个特征函数系 $\{\sin\frac{(2n-1)\pi x}{2l}\}_1^\infty$ 和 $\{\sin\beta_n x\}_1^\infty$，那么很自然的一个问题就是它们是否也和特征函数系 $\{\sin\frac{n\pi x}{l}\}_1^\infty$ 一样是 $L^2[0, l]$ 的一组正交基？线性代数中有类似的问题和结论可以借鉴. 设线性变换 $T: \mathbb{C}^k \to \mathbb{C}^k$ 是自共轭的，则 T 的特征向量构成 k 维向量空间 $\mathbb{C}^k$ 的正交基，这里的正交是指向量的共轭内积为零. 仿照 $\mathbb{C}^k$ 中自共轭线性变换的定义，我们给出函数空间 $L^2[a, b]$ 中自共轭算子的定义.

定义 2.2   设 $\mathscr{D}_T$ 是 $L^2[a,b]$ 的某个子空间，算子 $T: \mathscr{D}_T \to L^2[a,b]$ 满足

$$\forall\ f,g \in \mathscr{D}_T, \quad (Tf,g) = (f,Tg),$$

则称 T 为自共轭算子(self-adjoint operator)，也称为对称算子.

现考虑一般的二阶线性微分算子

$$Lf = rf'' + qf' + pf, \quad x \in [a,b],$$

其中 $r,q,p \in C^2[a,b]$ 是实函数，$r > 0$，试问什么情况下算子 L 是自共轭算子？两次分部积分计算可得

$$(Lf,g) = (rf'' + qf' + pf, g) = (f, L^*g) + \left[r(f'\overline{g} - f\overline{g'}) + (q-r')f\overline{g}\right]_a^b, \tag{2.3.2}$$

其中

$$L^*g = (rg)'' - (qg)' + pg = rg'' + (2r'-q)g' + (r''-q'+p)g.$$

自共轭要求 $L = L^*$，所以

$$2r' - q = q \implies q = r',$$

从而

$$Lf = (rf')' + pf, \tag{2.3.3}$$

此时

$$(Lf,g) = (f,Lg) + \left[r(f'\overline{g} - f\overline{g'})\right]_a^b. \tag{2.3.4}$$

可以看到还需要结合 f,g 在 $x=a, x=b$ 处的条件来验证算子 L 是否是自共轭算子.

定理 2.6   设 $Lf = (rf')' + pf$，考虑特征值问题(Sturm-Liouville problem)

$$\begin{cases} Lf + \lambda\omega f = 0, & a < x < b, \\ B.C. \end{cases} \tag{2.3.5}$$

其中 $\omega(x) > 0$ 为权函数，$B.C.$ 是端点分离式边界条件：

$$\begin{cases} \alpha_1 f(a) + \alpha_2 f'(a) = 0, & (\alpha_1, \alpha_2) \neq (0,0), \\ \beta_1 f(b) + \beta_2 f'(b) = 0, & (\beta_1, \beta_2) \neq (0,0). \end{cases} \tag{2.3.6}$$

则算子 L 是 $L^2[a,b]$ 中有二阶连续导数且满足边界条件(2.3.6)的子空间上的自共轭算子，算子 L 的所有特征值都是实数，每个特征值都是单重的，不同特征值的特征函数加权正交，特征函数系构成加权平方可积空间 $L_\omega^2[a,b]$ 的一组加权正交基，其中

$$L_\omega^2[a,b] := \{f| \int_a^b \omega|f|^2 \mathrm{d}x < \infty\}.$$

对于 $\forall f,g \in L_\omega^2[a,b]$，定义此空间中的加权内积和范数为

$$(f,g)_\omega = \int_a^b \omega(x)f(x)\overline{g(x)}\mathrm{d}x, \quad \|f\|_{L_\omega^2[a,b]} = \sqrt{(f,f)_\omega}.$$

证明   (1) 记 $\mathscr{D}_L$ 是 $L^2[a,b]$ 中有二阶连续导数且满足边界条件(2.3.6)的子空间，则

$$\forall\ f,g \in \mathscr{D}_L, \quad (Lf,g) = (f,Lg) + \left[r(f'\overline{g} - f\overline{g'})\right]_a^b = (f,Lg),$$

所以 L 是自共轭算子.

(2) 设 λ 是一个特征值, 对应的特征函数是 f, 则

$$\lambda(\omega f, f) = (\lambda \omega f, f) = -(Lf, f) = -(f, Lf) = (f, \lambda \omega f) = \overline{\lambda}(f, \omega f),$$

所以

$$\lambda = \overline{\lambda}.$$

(3) 设特征值 $\lambda_1 \neq \lambda_2$ 均为实数, 对应的特征函数分别是 f_1, f_2, 则

$$Lf_1 + \lambda_1 \omega f_1 = 0, \quad Lf_2 + \lambda_2 \omega f_2 = 0.$$

利用这两个方程和 L 的自共轭性质, 计算得

$$(\lambda_1 \omega f_1, f_2) = (-Lf_1, f_2) = -(f_1, Lf_2) = (f_1, \lambda_2 \omega f_2),$$

从而

$$(\lambda_1 - \lambda_2)(\omega f_1, f_2) = 0 \ \Rightarrow \ (\omega f_1, f_2) = 0.$$

(4) 设 λ 是一个特征值, 由ODE理论知初值问题

$$Lf + \lambda \omega f = 0, \quad f(a) = c_1, \quad f'(a) = c_2,$$

存在唯一解. 该解由两个任意常数 c_1, c_2 确定, 所以解空间最多是二维的. 加上条件 $\alpha_1 f(a) + \alpha_2 f'(a) = 0$, 即 $\alpha_1 c_1 + \alpha_2 c_2 = 0$, 所以解空间最多是一维的, 而 λ 是一个特征值, 解空间非平凡, 所以解空间是一维的.

(5) 特征函数系构成加权平方可积空间 $L^2_\omega[a,b]$ 的一组基的证明过程需要用到变分法的知识, 超出本课程的要求, 有兴趣的同学可以参考文献[6, 14]以及附录C.　　　□

结合例2.7中的边界条件可以看到, 例2.7中不同边界条件下的算子 $L = \frac{\mathrm{d}^2}{\mathrm{d}x^2}$ 均为自共轭算子, 所以例2.7中的两个特征函数系都是 $L^2[0,l]$ 的正交基, 即 $L^2[0,l]$ 中的任意函数均可以用这两个特征函数系展开.

2.4　特征函数展开法与齐次化原理

前面我们用分离变量法求解问题时, PDE都是齐次方程, 对于非齐次PDE, 直接用变量分离方法会遇到困难, 读者可以自己分析具体困难在哪儿. 本节我们来介绍求解非齐次方程的两个重要方法: 特征函数展开法和齐次化原理. 先用两个例子来学习特征函数展开法.

例 2.8　求解如下非齐次热方程的初边值问题

$$\begin{cases} u_t - k u_{xx} = f(x,t), & 0 < x < \pi, \ t > 0, \\ u(0,t) = u(\pi,t) = 0, & t \geq 0, \\ u(x,0) = g(x), & 0 \leq x \leq \pi. \end{cases} \tag{2.4.1}$$

解   问题中涉及的算子$L = \frac{\mathrm{d}^2}{\mathrm{d}x^2}$为自共轭算子，考虑其特征值问题

$$\phi'' + \lambda\phi = 0, \ 0 < x < \pi, \quad \phi(0) = \phi(\pi) = 0,$$

解得

$$e.v. \ \lambda_n = n^2, \quad e.f. \ \phi_n(x) = \sin nx, \ n = 1, 2, \cdots.$$

该特征函数系$\{\sin nx\}_1^\infty$构成$L^2[0, \pi]$的一组正交基. 将问题中的所有函数用该特征函数系展开

$$u(x, t) = \sum_1^\infty u_n(t)\phi_n(x), \ f(x, t) = \sum_1^\infty f_n(t)\phi_n(x), \ g(x) = \sum_1^\infty g_n\phi_n(x),$$

其中$u_n(t)$待定，$f_n(t), g_n$分别是$f(x, t), g(x)$的傅立叶系数. 将这些展开式代入(2.4.1)得

$$\begin{cases} \sum_1^\infty u_n'(t)\phi_n(x) - k\sum_1^\infty u_n(t)\phi_n''(x) = \sum_1^\infty f_n(t)\phi_n(x), & t > 0, \\ \sum_1^\infty u_n(0)\phi_n(x) = \sum_1^\infty g_n\phi_n(x). \end{cases}$$

注意到$\phi_n''(x) = -\lambda_n\phi_n(x)$，比较$\phi_n(x)$的系数，得如下ODE问题

$$\begin{cases} u_n'(t) + k\lambda_n u_n(t) = f_n(t), & t > 0, \\ u_n(0) = g_n, & n = 1, 2, \cdots. \end{cases} \tag{2.4.2}$$

该ODE也可以看成由热方程两边与$\phi_n(x)$做内积得到. 利用一阶线性ODE求解公式得

$$u_n(t) = g_n e^{-k\lambda_n t} + \int_0^t f_n(s)e^{-k\lambda_n(t-s)}\mathrm{d}s.$$

所以问题(2.4.1)的解为

$$u(x, t) = \sum_1^\infty \left(g_n e^{-k\lambda_n t} + \int_0^t f_n(s)e^{-k\lambda_n(t-s)}\mathrm{d}s\right)\sin nx.$$

$$\square$$

例 2.9   求解如下非齐次位势方程的边值问题

$$\begin{cases} -\Delta u = -\left(u_{rr} + \frac{1}{r}u_r + \frac{1}{r^2}u_{\theta\theta}\right) = 1 + \cos\theta, & 0 < r < a, \\ |u(0, \theta)| < \infty, \quad u(a, \theta) = 0, & r = a. \end{cases} \tag{2.4.3}$$

解   先考虑关于变量θ的特征值问题

$$\begin{cases} T''(\theta) + \lambda T(\theta) = 0, \\ T(\theta) = T(\theta + 2\pi). \end{cases}$$

解出该特征值问题

$$e.v. \ \lambda_0 = 0, \ \lambda_n = n^2, \quad e.f. \ T_0 = 1, \ T_n = A_n\cos n\theta + B_n\sin n\theta, \ n = 1, 2, \cdots.$$

用此特征函数系将$u(r, \theta)$展开，即

$$u(r, \theta) = A_0(r) + \sum_1^\infty A_n(r)\cos n\theta + B_n(r)\sin n\theta,$$

代入方程得

$$r^2\left[A_0''(r) + \sum_1^\infty (A_n''(r)\cos n\theta + B_n''(r)\sin n\theta)\right] + r\left[A_0'(r) + \sum_1^\infty (A_n'(r)\cos n\theta + B_n'(r)\sin n\theta)\right]$$

$$- \sum_1^\infty n^2 (A_n(r)\cos n\theta + B_n(r)\sin n\theta) = -r^2(1+\cos\theta),$$

代入边界条件得

$$A_0(a) + \sum_1^\infty A_n(a)\cos n\theta + B_n(a)\sin n\theta = 0.$$

比较特征函数的系数得

$$n=0,\quad \begin{cases} r^2 A_0''(r) + r A_0'(r) = -r^2, & 0 < r < a, \\ |A_0(0)| < \infty, & A_0(a) = 0, \end{cases}$$

$$n=1,\quad \begin{cases} r^2 A_1''(r) + r A_1'(r) - A_1(r) = -r^2, & 0 < r < a, \\ |A_1(0)| < \infty, & A_1(a) = 0, \end{cases}$$

解得

$$A_0(r) = \frac{1}{4}(a^2 - r^2), \quad A_1(r) = \frac{r}{3}(a-r).$$

同样方法可解得其余系数

$$A_n(r) = 0 \ (n \neq 0, 1), \quad B_n(r) = 0.$$

综上所述

$$u(r,\theta) = \frac{1}{4}(a^2 - r^2) + \frac{r}{3}(a-r)\cos\theta.$$

$\square$

上面两个例子中的求解方法称为特征函数展开法, 仔细分析可以看到特征函数展开法对分离变量法进行了改进, 先求解特征值问题, 然后在每个特征子空间内分离变量. 利用此法可将非齐次PDE初边值问题转化为非齐次ODE初值问题, 求出ODE初值问题的解即可得到原问题的解. 至于如何求非齐次ODE的解, 既可以用工科高等数学课程中的方法, 也可以用下面的齐次化原理. 接下来我们先介绍一阶线性ODE初值问题的齐次化原理.

考虑一阶线性非齐次ODE初值问题

$$\begin{cases} u'(t) + p(t)u(t) = q(t), & t > 0, \\ u(0) = u_0. \end{cases} \tag{2.4.4}$$

我们在高等数学课程中已经学习过用常数变易法或者是积分因子法导出求解公式

$$u(t) = u_0 e^{-\int_0^t p(\tau)\mathrm{d}\tau} + \int_0^t q(s) e^{-\int_s^t p(\tau)\mathrm{d}\tau}\,\mathrm{d}s$$

$$= u_0 e^{-\int_0^t p(\tau)\mathrm{d}\tau} + \int_0^t q(s) e^{-\int_0^{t-s} p(\tau+s)\mathrm{d}\tau}\,\mathrm{d}s. \tag{2.4.5}$$

观察到该求解公式中两部分的相似性，我们得到如下的齐次化原理. 将问题(2.4.4)做线性拆分，一个保留非零初值，一个保留非齐次项，即

$$
\text{(I)} \begin{cases} v'(t) + p(t)v(t) = 0, & t > 0, \\ u(0) = u_0, \end{cases}
\qquad
\text{(II)} \begin{cases} h'(t) + p(t)h(t) = q(t), & t > 0, \\ h(0) = 0. \end{cases}
$$

对于问题(I)，易解得

$$
v(t) = u_0 e^{-\int_0^t p(\tau)\mathrm{d}\tau}.
$$

对于问题(II)，我们考虑它的辅助问题

$$
\begin{cases} w'(t) + p(t+s)w(t) = 0, & t > 0, \\ w(0;s) = q(s). \end{cases}
$$

其中s为参数，解得

$$
w(t;s) = q(s) e^{-\int_0^t p(\tau+s)\mathrm{d}\tau}.
$$

利用一阶线性ODE的求解公式(2.4.5)可以看到有这样的关系

$$
h(t) = \int_0^t w(t-s;s)\mathrm{d}s.
$$

下面验证这个关系. 因为

$$
h'(t) = w(0;t) + \int_0^t w_t(t-s;s)\mathrm{d}s = q(t) + \int_0^t w_t(t-s;s)\mathrm{d}s, \quad h(0) = 0,
$$

所以

$$
h'(t) + p(t)h(t) - q(t) = \int_0^t \left[w_t(t-s;s) + p(t)w(t-s;s) \right] \mathrm{d}s = 0.
$$

注 2.4　上面的运算用到了含参数的积分函数求导公式. 设含参数t的积分

$$
I(t) = \int_{a(t)}^{b(t)} f(x,t)\,\mathrm{d}x,
$$

其中$f, f_t, a, b \in C^1$，则

$$
I'(t) = \int_{a(t)}^{b(t)} f_t(x,t)\mathrm{d}x + f(b(t),t)b'(t) - f(a(t),t)a'(t).
$$

接着考虑二阶线性ODE初值问题

$$
\begin{cases} u''(t) + b(t)u'(t) + c(t)u(t) = f(t), & t > 0, \\ u(0) = 0, \quad u'(0) = 0. \end{cases} \tag{2.4.6}
$$

这里为了简便取初值为零，从而可以将线性拆分那一步省去，直接考虑其辅助问题

$$
\begin{cases} w''(t) + b(t+s)w'(t) + c(t+s)w(t) = 0, & t > 0, \\ w(0;s) = 0, \quad w'(0;s) = f(s). \end{cases}
$$

求出该问题的解$w(t;s)$，则原问题的解

$$
u(t) = \int_0^t w(t-s;s)\mathrm{d}s.
$$

验证方法和一阶ODE一样，计算得

$$
u'(t) = w(0;t) + \int_0^t w_t(t-s;s)\mathrm{d}s = \int_0^t w_t(t-s;s)\mathrm{d}s, \quad u(0) = 0, \; u'(0) = 0,
$$

$$u''(t) = w_t(0;t) + \int_0^t w_{tt}(t-s;s)\mathrm{d}s = f(t) + \int_0^t w_{tt}(t-s;s)\mathrm{d}s,$$

$$u''(t) + b(t)u'(t) + c(t)u(t) - f(t) = \int_0^t \left[w_{tt}(t-s;s) + b(t)w_t(t-s;s) + c(t)w(t-s;s) \right]\mathrm{d}s = 0.$$

最后建立热方程和波动方程的齐次化原理.

定理 2.7　考虑非齐次热方程

$$\begin{cases} u_t - k\Delta u = f(x,t), & x \in D, \ t > 0, \\ \text{齐次 } B.C. & x \in \partial D, \ t \geq 0, \\ u(x,0) = 0, & x \in D, \end{cases} \tag{2.4.7}$$

引入辅助问题

$$\begin{cases} w_t - k\Delta w = 0, & x \in D, \ t > 0, \\ \text{齐次 } B.C. & x \in \partial D, \ t \geq 0, \\ w(x,0;s) = f(x,s), & x \in D, \end{cases} \tag{2.4.8}$$

则

$$u(x,t) = \int_0^t w(x,t-s;s)\,\mathrm{d}s.$$

定理 2.8　考虑非齐次波动方程

$$\begin{cases} u_{tt} - a^2\Delta u = f(x,t), & x \in D, \ t > 0, \\ \text{齐次 } B.C. & x \in \partial D, \ t \geq 0, \\ u(x,0) = 0, \ u_t(x,0) = 0, & x \in D, \end{cases} \tag{2.4.9}$$

引入辅助问题

$$\begin{cases} w_{tt} - a^2\Delta w = 0, & x \in D, \ t > 0, \\ \text{齐次 } B.C. & x \in \partial D, \ t \geq 0, \\ w(x,0;s) = 0, \ w_t(x,0;s) = f(x,s), & x \in D, \end{cases} \tag{2.4.10}$$

则

$$u(x,t) = \int_0^t w(x,t-s;s)\,\mathrm{d}s.$$

这两个定理的证明方法与 ODE 的情况类似, 留给读者. 构造齐次化原理的辅助问题时, 本书是取 $t = 0$ 作为初始时刻, 也有不少教材是取 $t = s$ 作为初始时刻, 两种取法本质相同, 细节有些许差别, 请读者自己推导其中的差别之处. 本节我们从数学角度推导出了齐次化原理, 其实也可以从物理视角来解释, 齐次化原理在物理上被称为 Duhamel 原理, 请读者结合热方程和波动方程初边值问题的物理意义对齐次化原理给出解释, 即从物理角度解释构造的辅助问题的解与原问题的解之间的联系.

2.5　非齐次边界条件的处理方法

前面几节我们求解的问题中所含的边界条件都是齐次边界条件，本节通过几个例子来学习处理带有非齐次边界条件的方法.

例 2.10　考虑如下带有非齐次边界条件的一维波动方程

$$\begin{cases} u_{tt} - a^2 u_{xx} = f(x,t), & 0 < x < l,\ t > 0, \\ u(0,t) = u_1(t),\ u(l,t) = u_2(t), & t \geq 0, \\ u(x,0) = \varphi(x),\ u_t(x,0) = \psi(x), & 0 \leq x \leq l. \end{cases} \tag{2.5.1}$$

基本的想法：令$u(x,t) = v(x,t) + w(x,t)$，其中$w(x,t)$是满足非齐次边界条件的关于变量x的一次函数，那么$v(x,t)$就满足齐次边界条件了. 容易看到

$$w(x,t) = u_1(t) + \frac{u_2(t) - u_1(t)}{l} x,$$

计算$v(x,t)$满足的条件

$$\begin{cases} v_{tt} - a^2 v_{xx} = \widetilde{f}(x,t), & 0 < x < l,\ t > 0, \\ v(0,t) = 0,\ v(l,t) = 0, & t \geq 0, \\ v(x,0) = \widetilde{\varphi}(x),\ v_t(x,0) = \widetilde{\psi}(x), & 0 \leq x \leq l, \end{cases} \tag{2.5.2}$$

其中

$$\widetilde{f}(x,t) = f(x,t) - w_{tt}, \quad \widetilde{\varphi}(x) = \varphi(x) - w(x,0), \quad \widetilde{\psi}(x) = \psi(x) - w_t(x,0).$$

用前面几节的方法可以求出$v(x,t)$.

本方法可以推广到其他类型的非齐次边界条件，其关键在于构造合适的$w(x,t)$，比如

- $w(0,t) = u_1(t),\ w_x(l,t) = u_2(t)$，则取$w(x,t) = u_1(t) + u_2(t)x$;

- $w_x(0,t) = u_1(t),\ w_x(l,t) = u_2(t)$，则取$w(x,t) = u_1(t)x + \frac{u_2(t) - u_1(t)}{2l} x^2$;

- $w(0,t) = u_1(t),\ (w_x + \sigma w)(l,t) = u_2(t)$，则取$w(x,t) = u_1(t) + \frac{u_2(t) - \sigma u_1(t)}{1 + \sigma l} x$.

值得注意的是，当方程的非齐次项和边界条件的非齐次项均与时间t无关时，可以将方程和边界条件同时齐次化.

例 2.11　将下面的方程和边界条件同时齐次化.

$$\begin{cases} u_{tt} - a^2 u_{xx} = A, & 0 < x < l,\ t > 0, \\ u(0,t) = 0,\ u(l,t) = B, & t \geq 0, \\ u(x,0) = u_t(x,0) = 0, & 0 \leq x \leq l, \end{cases} \tag{2.5.3}$$

其中A, B为常数.

解　令$u(x,t) = v(x,t) + w(x)$，此时构造$w(x)$使其满足

$$-a^2 w_{xx} = A, \quad w(0) = 0, \quad w(l) = B.$$

解之得

$$w(x) = -\frac{A}{2a^2}x^2 + \left(\frac{Al}{2a^2} + \frac{B}{l}\right)x,$$

则 $v(x,t)$ 满足齐次方程和齐次边界条件，只是初始条件发生变化，即

$$\begin{cases} v_{tt} - a^2 v_{xx} = 0, & 0 < x < l, \ t > 0, \\ v(0,t) = 0, \ v(l,t) = 0, & t \geq 0, \\ v(x,0) = -w(x), \ v_t(x,0) = 0, & 0 \leq x \leq l. \end{cases} \tag{2.5.4}$$

$\square$

拉普拉斯方程、热方程的非齐次边界条件处理方法和波方程类似.

例 2.12　考虑下面的拉普拉斯方程边值问题.

$$\begin{cases} u_{xx} + u_{yy} = f(x,y), & 0 < x < a, \ 0 < y < b, \\ u(0,y) = g(y), \ u(a,y) = h(y), & 0 \leq y \leq b, \\ u(x,0) = \varphi(x), \ u(x,b) = \psi(x), & 0 \leq x \leq a. \end{cases}$$

解　方法 1. 边界条件齐次化结合特征函数展开法.

构造函数 $w(x,y) = g(y) + \frac{x}{a}(h(y) - g(y))$，令 $v(x,y) = u(x,y) - w(x,y)$，则

$$\begin{cases} v_{xx} + v_{yy} = \widetilde{f}(x,y), & 0 < x < a, \ 0 < y < b, \\ v(0,y) = 0, \ v(a,y) = 0, & 0 \leq y \leq b, \\ v(x,0) = \widetilde{\varphi}(x), \ v(x,b) = \widetilde{\psi}(x), & 0 \leq x \leq a, \end{cases}$$

其中

$$\widetilde{f}(x,y) = f(x,y) - w_{yy}(x,y), \quad \widetilde{\varphi}(x) = \varphi(x) - w(x,0), \quad \widetilde{\psi}(x) = \psi(x) - w(x,b).$$

用特征函数展开法求出 $v(x,y)$，于是考虑特征值问题

$$\phi''(x) + \lambda\phi(x) = 0, \quad \phi(0) = \phi(a) = 0,$$

解得

$$e.v. \ \lambda_n = \left(\frac{n\pi}{a}\right)^2, \quad e.f. \ \phi_n(x) = \sin\frac{n\pi x}{a}, \quad n = 1, 2, \cdots.$$

将 $v(x,y), \widetilde{f}(x,y), \widetilde{\varphi}(x), \widetilde{\psi}(x)$ 用该特征函数系展开，代入问题即可解得 $v(x,y)$.

方法 2. 线性拆分法.

令 $u(x,y) = v(x,y) + w(x,y)$，其中 $v(x,y), w(x,y)$ 分别满足边值问题

$$(I) \begin{cases} v_{xx} + v_{yy} = f(x,y), & 0 < x < a, \ 0 < y < b, \\ v(0,y) = 0, \ v(a,y) = 0, & 0 \leq y \leq b, \\ v(x,0) = \varphi(x), \ v(x,b) = \psi(x), & 0 \leq x \leq a. \end{cases}$$

$$(II) \begin{cases} w_{xx} + w_{yy} = 0, & 0 < x < a, \ 0 < y < b, \\ w(0,y) = g(y), \ w(a,y) = h(y), & 0 \leq y \leq b, \\ w(x,0) = 0, \ w(x,b) = 0, & 0 \leq x \leq a. \end{cases}$$

再用特征函数展开法解出两个问题即可.

$\square$

2.6　二重傅立叶级数与高维问题

本节介绍用二重傅立叶级数和分离变量法求解几个特殊的高维PDE问题.

记

$$D = [0,a] \times [0,b], \ \ L^2(D) := \{f | \iint_D |f(x,y)|^2 \mathrm{d}x\mathrm{d}y < \infty\},$$

设 $\{\phi_n(x)\}_1^\infty$ 是 $L^2[0,a]$ 的一组标准正交基，同样设 $\{\psi_m(y)\}_1^\infty$ 是 $L^2[0,b]$ 的一组标准正交基，则 $\{\phi_n(x)\psi_m(y)\}_{n,m=1}^\infty$ 构成 $L^2(D)$ 的标准正交基.

设函数 $f \in L^2(D)$，将 $f(x,y)$ 用函数系 $\{\phi_n(x)\psi_m(y)\}_{n,m=1}^\infty$ 展开，即

$$f(x,y) = \sum_{m=1}^\infty \sum_{n=1}^\infty A_{nm}\phi_n(x)\psi_m(y), \tag{2.6.1}$$

其中 A_{nm} 为二重傅立叶系数，该级数称为二重傅立叶级数.

如何求系数 A_{nm} 呢？先将(2.6.1)中的 $f(x,y)$ 看成 y 的函数，则 $\sum_{n=1}^\infty A_{nm}\phi_n(x)$ 为该函数的傅立叶系数，从而

$$\sum_{n=1}^\infty A_{nm}\phi_n(x) = \int_0^b f(x,y)\psi_m(y)\,\mathrm{d}y. \tag{2.6.2}$$

注意到(2.6.2)右端是 x 的函数，记为 $h(x)$，那么(2.6.2)即为函数 $h(x)$ 用正交基 $\{\phi_n(x)\}_1^\infty$ 展开的傅立叶级数，因而

$$A_{nm} = \int_0^a h(x)\phi_n(x)\,\mathrm{d}x = \iint_D f(x,y)\phi_n(x)\psi_m(y)\,\mathrm{d}x\mathrm{d}y, \quad n,m = 1,2,\cdots. \tag{2.6.3}$$

上述系数 A_{nm} 也可利用函数系 $\{\phi_n(x)\psi_m(y)\}_{n,m=1}^\infty$ 的正交性求得，具体过程留给读者. 仿照上面的过程，更高重的傅立叶级数可类似给出，这里不再赘述.

例 2.13　考虑正方形区域上的热方程初边值问题，设 $D: 0 < x < \pi,\ 0 < y < \pi$，求解

$$\begin{cases} u_t = k(u_{xx} + u_{yy}), & (x,y) \in D, \ t > 0, \\ u(x,y,t) = 0, & (x,y) \in \partial D, \ t \geq 0, \\ u(x,y,0) = g(x,y), & (x,y) \in D. \end{cases} \tag{2.6.4}$$

解　令 $u(x,y,t) = \phi(x,y)T(t)$，代入方程得

$$T'(t)\phi(x,y) = kT(t)\Delta\phi(x,y),$$

变量分离得

$$\frac{T'(t)}{kT(t)} = \frac{\Delta\phi(x,y)}{\phi(x,y)} = -\lambda,$$

其中 λ 为常数. 结合边界条件得到特征值问题

$$\begin{cases} \Delta\phi(x,y) + \lambda\phi(x,y) = 0, & (x,y) \in D, \\ \phi(x,y) = 0, & (x,y) \in \partial D, \end{cases} \tag{2.6.5}$$

该问题称为 Δ 算子在 D 中带有齐次Dirichlet边界条件的特征值问题. 如何求解该特征值

问题呢? 继续用分离变量法, 令 $\phi(x,y) = X(x)Y(y)$, 代入(2.6.5)得

$$X''(x)Y(y) + X(x)Y''(y) + \lambda X(x)Y(y) = 0,$$

变量分离得

$$\frac{X''(x)}{X(x)} + \frac{Y''(y)}{Y(y)} + \lambda = 0.$$

上式中, 第一项是 x 的函数, 第二项是 y 的函数, 所以这两项必为常数.

设 $X''(x)/X(x) = -\mu$, μ 为常数, 结合边界条件得到子特征值问题(I)

$$\begin{cases} X''(x) + \mu X(x) = 0, & 0 < x < \pi, \\ X(0) = X(\pi) = 0. \end{cases}$$

该问题的特征值 $\mu_n = n^2$, 对应的特征函数 $X_n(x) = \sin nx$, $n = 1, 2, \cdots$.

类似设 $Y''(y)/Y(y) = -\nu$, ν 为常数, 结合边界条件得到子特征值问题(II)

$$\begin{cases} Y''(y) + \nu Y(y) = 0, & 0 < y < \pi, \\ Y(0) = Y(\pi) = 0. \end{cases}$$

该问题的特征值 $\nu_m = m^2$, 对应的特征函数 $Y_m(y) = \sin my$, $m = 1, 2, \cdots$.

综合这两个子特征值问题的结果, 可得到特征值问题(2.6.5)的结果, 即

- 特征值　$\lambda_{nm} = n^2 + m^2$, $n, m = 1, 2, \cdots$,

- 特征函数　$\phi_{nm}(x,y) = \sin nx \sin my$, $n, m = 1, 2, \cdots$.

将特征值代入 t 的方程

$$T'(t) + k\lambda_{nm}T(t) = 0,$$

解得 $T_{nm}(t) = e^{-k\lambda_{nm}t}$. 令

$$u(x,y,t) = \sum_{m=1}^{\infty} \sum_{n=1}^{\infty} A_{nm} e^{-k\lambda_{nm}t} \sin nx \sin my,$$

代入初始条件得

$$g(x,y) = \sum_{m=1}^{\infty} \sum_{n=1}^{\infty} A_{nm} \sin nx \sin my,$$

其中系数

$$A_{nm} = \frac{4}{\pi^2} \int_0^\pi \int_0^\pi g(x,y) \sin nx \sin my \, \mathrm{d}x\mathrm{d}y, \quad n, m = 1, 2, \cdots. \tag{2.6.6}$$

$\square$

从本例可以看到分离变量法求解高维问题的过程其实与一维问题类似, 只是需要求解一个相对复杂一点的高维特征值问题而已, 而该高维特征值问题可以用分离变量法分解为多个一维特征值问题, 这一思想方法在第六章中还会多次用到.

例 2.14　求解一个立方体区域上的三维拉普拉斯方程边值问题

$$\begin{cases} u_{xx} + u_{yy} + u_{zz} = 0, & (x,y,z) \in (0,\pi)^3, \\ u(0,y,z) = 0, \quad u(\pi,y,z) = g(y,z), & (y,z) \in [0,\pi]^2, \\ u(x,0,z) = u(x,\pi,z) = 0, & (x,z) \in [0,\pi]^2, \\ u(x,y,0) = u(x,y,\pi) = 0, & (x,y) \in [0,\pi]^2. \end{cases} \tag{2.6.7}$$

解　令 $u(x,y,z) = X(x)\phi(y,z)$，代入方程得

$$X''(x)\phi(y,z) + X(x)\Delta\phi(y,z) = 0,$$

分离变量得

$$-\frac{X''(x)}{X(x)} = \frac{\Delta\phi(y,z)}{\phi(y,z)} = -\lambda,$$

其中 λ 是常数. 结合边界条件得特征值问题

$$\begin{cases} \Delta\phi(y,z) + \lambda\phi(y,z) = 0, & (y,z) \in (0,\pi)^2, \\ \phi(y,z) = 0, & (y,z) \in \partial(0,\pi)^2, \end{cases} \tag{2.6.8}$$

与上例类似可得此特征值问题的解为

- 特征值 $\lambda_{nm} = n^2 + m^2$, $n, m = 1, 2, \cdots$,

- 特征函数 $\phi_{nm}(y,z) = \sin ny \sin mz$, $n, m = 1, 2, \cdots$.

将特征值代入 x 的方程得

$$X''(x) - \lambda_{nm}X(x) = 0, \quad 0 < x < \pi, \quad X(0) = 0,$$

解得

$$X_{nm}(x) = \sinh(\sqrt{n^2 + m^2}\, x).$$

令

$$u(x,y,z) = \sum_{m=1}^{\infty}\sum_{n=1}^{\infty} A_{nm} \sinh(\sqrt{n^2 + m^2}\, x) \sin ny \sin mz,$$

则

$$g(y,z) = \sum_{m=1}^{\infty}\sum_{n=1}^{\infty} A_{nm} \sinh(\sqrt{n^2 + m^2}\, \pi) \sin ny \sin mz,$$

所以

$$A_{nm} = \frac{4}{\pi^2 \sinh(\sqrt{n^2 + m^2}\, \pi)} \int_0^{\pi}\int_0^{\pi} g(y,z) \sin ny \sin mz \, \mathrm{d}y\mathrm{d}z, \quad n, m = 1, 2, \cdots.$$

□

习题二

1. 设 $f_n, f \in L^2[a,b]$，且 $\|f_n - f\| \to 0$，应用Cauchy内积不等式证明

$$\forall g \in L^2[a,b], \quad (f_n, g) \to (f, g).$$

2. 设 $\{\phi_n\}$ 是 $L^2[a,b]$ 的一组标准正交基，证明

$$\forall f, g \in L^2[a,b], \quad (f, g) = \sum (f, \phi_n) \overline{(g, \phi_n)}.$$

3. (L^2 中的最佳逼近) 设 $\{\phi_n\}$ 是 $L^2[a,b]$ 的一组标准正交函数系，$f \in L^2[a,b]$，则对满足 $\sum |c_n|^2 < \infty$ 的任意序列 $\{c_n\}$ 有

$$\|f - \sum (f, \phi_n)\phi_n\| \leq \|f - \sum c_n \phi_n\|,$$

等号当且仅当 $c_n = (f, \phi_n)$，$n = 1, 2, \cdots$ 时成立.

4. 用分离变量法求解

$$\begin{cases} u_{tt} = a^2 u_{xx}, & 0 < x < \pi, \ t > 0, \\ u_x(0,t) = u_x(\pi, t) = 0, & t \geq 0, \\ u(x,0) = x, \quad u_t(x,0) = \cos x, & 0 \leq x \leq \pi. \end{cases}$$

请用Mathematica等数学软件尝试绘制该问题解随时间变化的动态图形，观察理解波动方程传播的特点.

5. 用分离变量法求解热方程初边值问题

$$\begin{cases} u_t = k u_{xx}, & 0 < x < l, \ t > 0, \\ u_x(0,t) = u(l,t) = 0, & t \geq 0, \\ u(x,0) = \varphi(x), & 0 \leq x \leq l. \end{cases}$$

6. 用分离变量法求解

$$\begin{cases} u_{xx} + u_{yy} = 0, & 0 < x < a, \ y > 0, \\ u(0,y) = u(a,y) = 0, & y \geq 0, \\ u(x,0) = 1 - x/a, \quad u(x, +\infty) = 0, & 0 \leq x \leq a. \end{cases}$$

7. 用分离变量法求解

$$\begin{cases} u_{xx} + u_{yy} = 0, & x^2 + y^2 > a^2, \\ u(x,y) = h(\theta), & x^2 + y^2 = a^2, \\ |u(x,y)| < \infty, & x^2 + y^2 \to \infty, \end{cases}$$

其中 θ 是极坐标 (r, θ) 中的变量.

8. 用分离变量法求解

$$\begin{cases} u_{rr} + \dfrac{1}{r} u_r + \dfrac{1}{r^2} u_{\theta\theta} = 0, & 0 < r < a, \ 0 < \theta < \beta, \\ u(r,0) = u(r, \beta) = 0, & 0 \leq r \leq a, \\ u_r(a, \theta) = h(\theta), & 0 \leq \theta \leq \beta. \end{cases}$$

其中 $r,\ \theta$ 是极坐标中的变量.

9. 试用线性拆分技巧结合分离变量法求解拉普拉斯方程边值问题

$$\begin{cases} u_{xx} + u_{yy} = 0, & 0 < x < a,\ 0 < y < b, \\ u(0,y) = \sin\frac{\pi y}{b}, & u(a,y) = 0, \quad 0 \le y \le b, \\ u(x,0) = \sin\frac{\pi x}{a}, & u(x,b) = 0, \quad 0 \le x \le a. \end{cases}$$

10. 用分离变量法求解梁的横振动问题

$$\begin{cases} u_{tt} + a^2 u_{xxxx} = 0, & 0 < x < l,\ t > 0, \\ u(0,t) = u(l,t) = u_{xx}(0,t) = u_{xx}(l,t) = 0, & t \ge 0, \\ u(x,0) = \varphi(x), \quad u_t(x,0) = \psi(x) & 0 \le x \le l. \end{cases}$$

11. 求解特征值问题

$$f'' + \lambda f = 0, \quad 0 < x < 1, \quad f(0) = 0, \quad f'(1) = -f(1).$$

用数学软件计算该问题的前5个特征值的数值结果，并验证对应特征函数的正交性.

12. 求解特征值问题

$$f'' + \lambda f = 0, \quad 0 < x < 1, \quad f(0) = f(1), \quad f'(0) = f'(1).$$

13. 利用Euler方程，求解特征值问题

$$(x^2 f')' + \lambda f = 0, \quad 1 < x < b, \quad f(1) = f(b) = 0.$$

14. 用分离变量法求解带周期边值条件的热方程初边值问题

$$\begin{cases} u_t - k u_{xx} = 0, & -l < x < l,\ t > 0, \\ u(-l,t) = u(l,t), \quad u_x(-l,t) = u_x(l,t), & t \ge 0, \\ u(x,0) = \varphi(x), & -l \le x \le l. \end{cases}$$

15. 用特征函数展开法求解

$$\begin{cases} u_t - k u_{xx} = \cos 2x, & 0 < x < \pi,\ t > 0, \\ u_x(0,t) = u_x(\pi,t) = 0, & t \ge 0, \\ u(x,0) = 1, & 0 \le x \le \pi. \end{cases}$$

16. 用特征函数展开法求解

$$\begin{cases} u_{tt} = a^2 u_{xx} - r u_t, & 0 < x < l,\ t > 0, \\ u(0,t) = u(l,t) = 0, & t \ge 0, \\ u(x,0) = \varphi(x), \quad u_t(x,0) = \psi(x), & 0 \le x \le l, \end{cases}$$

其中 $0 < r < 2\pi a/l$，r 为常数，$r u_t$ 表示空气阻力. 如果 $2\pi a/l < r < 4\pi a/l$，结果有什么不同?

17. 设函数 $k > 0,\ k \in C^1[0,l]$，已知特征值问题

$$(k(x)\phi')' + \lambda\phi = 0, \quad 0 < x < l, \quad \phi(0) = \phi(l) = 0$$

的特征值为 $\{\lambda_n\}_1^\infty$，对应的特征函数系为 $\{\phi_n\}_1^\infty$. 求解如下热方程初边值问题

$$\begin{cases} u_t - (k(x)u_x)_x = f(x,t), & 0 < x < l, \ t > 0, \\ u(0,t) = u(l,t) = 0, & t \ge 0, \\ u(x,0) = 0, & 0 \le x \le l. \end{cases}$$

18. 求解非齐次波动方程初边值问题，利用得到的解分析何时该系统中会发生共振现象.

$$\begin{cases} u_{tt} - a^2 u_{xx} = f(x)\sin\omega t, & 0 < x < l, \ t > 0, \\ u(0,t) = u(l,t) = 0, & t \ge 0, \\ u(x,0) = u_t(x,0) = 0, & 0 \le x \le l, \end{cases}$$

其中 $\omega \ne \omega_n$, $n = 1,2,\cdots$，这里的 $\omega_n = an\pi/l$ 称为固有频率.

19. 先求解关于极坐标变量 θ 的周期特征值问题，再利用特征函数展开法求解圆环内的泊松方程边值问题

$$\begin{cases} \Delta u = 12(x^2 - y^2), & 0 < a^2 < x^2 + y^2 < b^2 < \infty, \\ u(x,y) = 1, & x^2 + y^2 = a^2, \\ \frac{\partial u}{\partial n}(x,y) = 0, & x^2 + y^2 = b^2, \end{cases}$$

其中 n 为边界 $x^2 + y^2 = b^2$ 的单位外法向量.

20. 证明热方程和波方程的齐次化原理，即定理2.7和定理2.8. 并根据热方程和波方程初边值问题的物理意义对齐次化原理给出物理解释.

21. 考虑如下运输方程，建立非齐次运输方程的齐次化原理，并给出问题的解.

$$\begin{cases} u_t + au_x = f(x,t), & -\infty < x < \infty, \ t > 0, \\ u(x,0) = 0, & -\infty < x < \infty. \end{cases}$$

22. 利用齐次化原理求解含有热源项 $f(x,t) = t\sin x$ 的热方程初边值问题

$$\begin{cases} u_t - ku_{xx} = t\sin x, & 0 < x < \pi, \ t > 0, \\ u(0,t) = u(\pi,t) = 0, & t \ge 0, \\ u(x,0) = 0, & 0 \le x \le \pi. \end{cases}$$

23. 求解非齐次波动方程初边值问题

$$\begin{cases} u_{tt} - a^2 u_{xx} = -\dfrac{\omega^2 x}{l}\sin\omega t, & 0 < x < l, \ t > 0, \\ u(0,t) = \omega t, \quad u(l,t) = \sin\omega t, & t \ge 0, \\ u(x,0) = 0, \quad u_t(x,0) = \omega, & 0 \le x \le l. \end{cases}$$

24. 考虑热方程初边值问题

$$\begin{cases} u_t - a^2 u_{xx} = \cos x, & 0 < x < \pi, t > 0, \\ u_x(0,t) = 0, \ u(\pi,t) = A, & t > 0, \\ u(x,0) = 0, & 0 \le x \le \pi, \end{cases}$$

其中 $A \ne 0$ 为常数. 做线性拆分 $u(x,t) = v(x,t) + w(x)$，并选取适当的 $w(x)$ 将此问题化

为齐次方程齐次边界条件的初边值问题.

25. 求解波方程初边值问题
$$\begin{cases} u_{tt} - a^2 u_{xx} = 0, & 0 < x < l, \ t > 0, \\ u(0,t) = 0, \quad u(l,t) = \sin \omega t, & t \geq 0, \ \omega \neq \omega_n, \ \omega_n = \frac{an\pi}{l}, \\ u(x,0) = 0, \quad u_t(x,0) = 0, & 0 \leq x \leq l. \end{cases}$$

26. 设 $D : 0 < x < 1, \ 0 < y < 1, \ 0 < z < 1$，求解三维拉普拉斯方程边值问题
$$\begin{cases} u_{xx} + u_{yy} + u_{zz} = 0, & (x,y,z) \in D, \\ u_x(0,y,z) = u_x(1,y,z) = 0, & (y,z) \in [0,1]^2, \\ u_y(x,0,z) = u_y(x,1,z) = 0, & (x,z) \in [0,1]^2, \\ u_z(x,y,0) = 0, \quad u_z(x,y,1) = g(x,y), & (x,y) \in [0,1]^2, \end{cases}$$
其中 $g(x,y) = 5\cos 3\pi x \cdot \cos 4\pi y$.

27. 考虑矩形区域上的小阻力波方程，设 $D : 0 < x < \pi, \ 0 < y < \pi$，求解
$$\begin{cases} u_{tt} + 2k u_t = a^2(u_{xx} + u_{yy}), & (x,y) \in D, \ t > 0, \\ u(x,y,t) = 0, & (x,y) \in \partial D, \ t \geq 0, \\ u(x,y,0) = 0, \quad u_t(x,y,0) = g(x,y), & (x,y) \in D, \end{cases}$$
其中阻力系数 $0 < k < \sqrt{2}a$. 请思考，$k \geq \sqrt{2}a$ 的情况会有哪些不同?

28*. 考虑热方程逆时问题
$$\begin{cases} u_t - k u_{xx} = 0, & 0 < x < l, \ 0 \leq t < T, \\ u(0,t) = u(l,t) = 0, & 0 \leq t \leq T, \\ u(x,T) = \varphi(x), & 0 \leq x \leq l. \end{cases}$$
也就是利用 $t = T$ 时刻的物体温度 $u(x,T) = \varphi(x)$ 去求前面时刻的物体温度 $u(x,t)$, $0 \leq t < T$. (1)求出该逆时问题的解并分析解的稳定性，(2)思考如何得到近似的稳定解?

第 3 章　积分变换方法

积分变换方法是求解偏微分方程的重要方法，在数学、物理及工程科学中有广泛应用. 本章介绍最基本的傅立叶变换和拉普拉斯变换. 通过数学软件可以方便地获得各种函数的积分变换结果，因而本书不再列出常用函数的积分变换表.

3.1　傅立叶变换及其性质

3.1.1　复形式的傅立叶级数与傅立叶变换

设 $f(x)$ 以 $2l$ 为周期，考虑用 $[-l, l]$ 上的正交函数系 $\{e^{in\pi x/l},\ n = 0, \pm 1, \pm 2, \cdots\}$ 将 $f(x)$ 线性表出，即

$$f(x) = \sum_{-\infty}^{\infty} c_n e^{in\pi x/l} = \sum_{-\infty}^{\infty} c_n e^{i\omega_n x}, \tag{3.1.1}$$

该级数称为复形式的傅立叶级数. 等式(3.1.1)表示信号 $f(x)$ 是各个离散频率 $\omega_n = n\pi/l$ 下的基底信号 $e^{i\omega_n x}$ 的叠加. 利用函数系的正交性，

$$\int_{-l}^{l} e^{in\pi x/l} \overline{e^{im\pi x/l}} \, \mathrm{d}x = 0, \quad m \neq n,$$

可得傅立叶系数

$$c_n = \frac{(f(x), e^{in\pi x/l})}{(e^{in\pi x/l}, e^{in\pi x/l})} = \frac{1}{2l} \int_{-l}^{l} f(x) e^{-in\pi x/l} \, \mathrm{d}x. \tag{3.1.2}$$

将上面的结果推广到非周期函数，即周期为 ∞. 于是令 $l \to \infty$，记

$$\Delta \omega_n = \omega_n - \omega_{n-1} = \pi/l \to 0,$$

则

$$f(x) = \lim_{l \to \infty} \sum_{-\infty}^{\infty} c_n e^{i\omega_n x} = \lim_{l \to \infty} \sum_{-\infty}^{\infty} \frac{1}{2l} \int_{-l}^{l} f(x) e^{-i\omega_n x} \, \mathrm{d}x \, e^{i\omega_n x}$$

$$= \lim_{\Delta \omega_n \to 0} \frac{1}{2\pi} \sum_{-\infty}^{\infty} \int_{-l}^{l} f(x) e^{-i\omega_n x} \, \mathrm{d}x \, e^{i\omega_n x} \Delta \omega_n$$

$$\Rightarrow \quad f(x) = \frac{1}{2\pi} \int_{-\infty}^{\infty} \left[\int_{-\infty}^{\infty} f(x) e^{-i\omega x} \mathrm{d}x \right] e^{i\omega x} \mathrm{d}\omega. \tag{3.1.3}$$

3.1.2　傅立叶变换与傅立叶逆变换

先介绍本节要用到的两个函数空间.

定义 3.1　记 $L^1(\mathbb{R}) := \{f \mid \int_{-\infty}^{\infty} |f(x)| \mathrm{d}x < \infty\}$，称之为 $\mathbb{R}$ 上的绝对可积空间；记 $L^2(\mathbb{R}) := \{f \mid \int_{-\infty}^{\infty} |f(x)|^2 \mathrm{d}x < \infty\}$，称之为 $\mathbb{R}$ 上的平方可积空间.

一般来说，这两个空间 $L^1(\mathbb{R})$ 和 $L^2(\mathbb{R})$ 互不包含，例如

$$f(x) = \begin{cases} x^{-2/3}, & 0 < x < 1, \\ 0, & x \notin (0,1), \end{cases} \qquad g(x) = \begin{cases} x^{-2/3}, & x > 1, \\ 0, & x \leq 1, \end{cases}$$

则 $f \in L^1(\mathbb{R}), f \notin L^2(\mathbb{R})$，而 $g \in L^2(\mathbb{R}), g \notin L^1(\mathbb{R})$. 在一些特殊情况下，它们有包含关系，例如

- 如果 $f \in L^1(\mathbb{R})$ 且 f 有界，则 $f \in L^2(\mathbb{R})$；

- 如果 $f \in L^2(\mathbb{R})$ 且 $\mathrm{supp} f \subset [a,b]$，则 $f \in L^1(\mathbb{R})$. [5]

现在根据(3.1.3)给出傅立叶变换和傅立叶逆变换的定义.

定义 3.2   设 $f \in L^1(\mathbb{R})$，称

$$\widehat{f}(\omega) = \int_{-\infty}^{\infty} f(x)e^{-i\omega x}\,\mathrm{d}x \tag{3.1.4}$$

为 f 的傅立叶变换，也可记为 $F[f](\omega)$.

设 $g \in L^1(\mathbb{R})$，称

$$F^{-1}[g](x) = \frac{1}{2\pi}\int_{-\infty}^{\infty} g(\omega)e^{i\omega x}\,\mathrm{d}\omega \tag{3.1.5}$$

为 g 的傅立叶逆变换.

容易看到算子 F, F^{-1} 均为线性算子，且有如下相似性关系

$$F[f(x)](\omega) = 2\pi F^{-1}[f(x)](-\omega) = 2\pi F^{-1}[f(-x)](\omega). \tag{3.1.6}$$

等式(3.1.3)即为

$$f(x) = \frac{1}{2\pi}\int_{-\infty}^{\infty} \widehat{f}(\omega)\,e^{i\omega x}\,\mathrm{d}\omega, \tag{3.1.7}$$

称为傅立叶反演公式，也可简记为 $f = F^{-1}F[f]$. 将 ω 称为频率，所以傅立叶反演公式的物理意义是：信号 f 是各个连续频率下的基底信号 $e^{i\omega x}$ 的叠加，其中 $\widehat{f}(\omega)\mathrm{d}\omega$ 表示对应于频率 ω 的基底信号 $e^{i\omega x}$ 的强度. 反演公式(3.1.7)成立是有条件的，见如下定理，定理的证明与附录A中傅立叶级数的收敛性证明类似，具体过程请参考[14].

定理 3.1   设 $f \in L^1(\mathbb{R}) \cap PS(\mathbb{R})$ (*Piecewise Smooth*)，则

$$\frac{1}{2}\Big[f(x^-) + f(x^+)\Big] = \frac{1}{2\pi}\int_{-\infty}^{\infty} \widehat{f}(\omega)\,e^{i\omega x}\,\mathrm{d}\omega.$$

例 3.1   计算下列函数的傅立叶变换:

(1)   矩形波 $f(x) = \begin{cases} 1, & -\pi \leq x \leq \pi, \\ 0, & x \notin [-\pi, \pi], \end{cases}$

首先利用该函数的傅立叶变换结果和傅立叶反演公式求积分 $\int_0^{\infty} \frac{\sin x}{x}\,\mathrm{d}x$，再利用该傅立叶变换的结果和相似性公式(3.1.6)求 $F\left[\frac{\sin \pi x}{\pi x}\right]$. [6]

---

[5] 函数 f 的支集，记为 $\mathrm{supp} f$ 是指集合 $\{x \mid f(x) \neq 0\}$ 的闭包.

[6] 辛格函数 $\mathrm{sinc}(x) = \frac{\sin \pi x}{\pi x} \notin L^1(\mathbb{R})$，其傅立叶变换的计算为形式计算，从严格的数学角度来说该函数的傅立叶变换属于 $L^2(\mathbb{R})$ 空间上的傅立叶变换. 如何定义 $L^2(\mathbb{R})$ 上的傅立叶变换，详见3.1.5小节.

(2) $f(x) = \begin{cases} \cos 3x, & -\pi \le x \le \pi, \\ 0, & x \notin [-\pi, \pi]. \end{cases}$

(3) $f(x) = \begin{cases} \pi - |x|, & -\pi \le x \le \pi, \\ 0, & x \notin [-\pi, \pi]. \end{cases}$

(4) $f(x) = e^{-\beta|x|}$, 常数 $\beta > 0$.

(5) $f(x) = \dfrac{1}{x^2 + a^2}$, 常数 $a > 0$.

解 (1)

$$\widehat{f}(\omega) = \int_{-\pi}^{\pi} e^{-i\omega x} dx = 2\int_0^{\pi} \cos \omega x \, dx = \frac{2}{\omega} \sin \omega x \Big|_0^{\pi} = \frac{2\sin \pi \omega}{\omega},$$

由反演公式知

$$1 = f(0) = \frac{1}{2\pi} \int_{-\infty}^{\infty} \frac{2\sin \pi \omega}{\omega} d\omega$$

$$\Rightarrow \int_0^{\infty} \frac{\sin x}{x} dx = \frac{\pi}{2},$$

由相似性公式(3.1.6)得

$$F[\frac{\sin \pi x}{\pi x}] = 2\pi F^{-1}[\frac{\sin \pi x}{\pi x}] = \begin{cases} 1, & -\pi \le \omega \le \pi, \\ 0, & \omega \notin [-\pi, \pi]. \end{cases}$$

(2)

$$\widehat{f}(\omega) = \int_{-\pi}^{\pi} \cos 3x e^{-i\omega x} dx = 2\int_0^{\pi} \cos 3x \cos \omega x \, dx$$

$$= \int_0^{\pi} \cos(\omega - 3)x + \cos(\omega + 3)x \, dx = \frac{2\omega \sin \pi \omega}{9 - \omega^2}.$$

(3)

$$\widehat{f}(\omega) = \int_{-\pi}^{\pi} (\pi - |x|) e^{-i\omega x} dx = 2\int_0^{\pi} (\pi - x) \cos \omega x \, dx$$

$$= 2(\pi - x) \frac{\sin \omega x}{\omega} \Big|_0^{\pi} + \frac{2}{\omega} \int_0^{\pi} \sin \omega x \, dx = \frac{2(1 - \cos \pi \omega)}{\omega^2}.$$

(4)

$$\widehat{f}(\omega) = \int_{-\infty}^{\infty} e^{-\beta|x|} e^{-i\omega x} dx = \int_{-\infty}^{0} e^{(\beta - i\omega)x} dx + \int_0^{\infty} e^{-(\beta + i\omega)x} dx$$

$$= \frac{1}{\beta - i\omega} + \frac{1}{\beta + i\omega} = \frac{2\beta}{\omega^2 + \beta^2}.$$

(5)

$$\widehat{f}(\omega) = 2\pi F^{-1}[f(-x)](\omega) = 2\pi F^{-1}[\frac{1}{x^2 + a^2}](\omega) = 2\pi \cdot \frac{e^{-a|\omega|}}{2a} = \frac{\pi}{a} e^{-a|\omega|}.$$

$\square$

注 3.1 从这几个例子可以看到 f 越光滑，则 $\widehat{f}$ 在 ∞ 处衰减得越快.

定理 3.2　设 $f \in L^1(\mathbb{R})$，则 $\widehat{f}$ 有界连续，且 $\widehat{f}(\pm\infty) = 0$. (Riemann-Lebesgue 引理)[7]

证明　1. 有界是因为

$$|\widehat{f}(\omega)| \le \int_{-\infty}^{\infty} |f(x)|\, \mathrm{d}x.$$

2. 连续是因为

$$|\widehat{f}(\omega) - \widehat{f}(\eta)| \le \int_{-\infty}^{\infty} |f(x)e^{-i\omega x} - f(x)e^{-i\eta x}|\, \mathrm{d}x \le \int_{-\infty}^{\infty} 2|f(x)|\, \mathrm{d}x,$$

由 Lebesgue 控制收敛定理[9]知，当 $\eta \to \omega$ 时，

$$|\widehat{f}(\omega) - \widehat{f}(\eta)| \le \int_{-\infty}^{\infty} |e^{-i\omega x} - e^{-i\eta x}| \cdot |f(x)|\, \mathrm{d}x \to 0.$$

3. 先对有紧支集($\operatorname{supp} g \subset [a,b]$)的光滑函数 g 证明 $\widehat{g}(\pm\infty) = 0$.

$$|\widehat{g}(\omega)| = \left|\int_{-\infty}^{\infty} g(x)e^{-i\omega x}\, \mathrm{d}x\right| = \left|\int_{-\infty}^{\infty} \frac{1}{i\omega} g'(x)e^{-i\omega x}\, \mathrm{d}x\right| \le \frac{1}{|\omega|} \int_{-\infty}^{\infty} |g'(x)|\, \mathrm{d}x \to 0, \quad \omega \to \pm\infty.$$

对于任意的 $f \in L^1(\mathbb{R})$，取有紧支集的光滑函数列 g_n，使得 $\|g_n - f\|_{L^1} < \varepsilon$ [9]，则

$$\limsup_{\omega \to \pm\infty} |\widehat{f}(\omega)| \le \limsup_{\omega \to \pm\infty} \left|\int_{-\infty}^{\infty} (f(x) - g_n(x))e^{-i\omega x}\, \mathrm{d}x\right| + \limsup_{\omega \to \pm\infty} \left|\int_{-\infty}^{\infty} g_n(x)e^{-i\omega x}\, \mathrm{d}x\right| \le \varepsilon + 0 = \varepsilon.$$

因为 $\varepsilon > 0$ 是任取的，所以 $\widehat{f}(\pm\infty) = 0$.　　　　　　　　　　　　□

3.1.3　卷积

利用傅立叶变换求解偏微分方程时，卷积是一个重要的运算. 设 f 和 g 是 $\mathbb{R}$ 上的函数，那么

$$f * g(x) = \int_{-\infty}^{\infty} f(x-y)g(y)\, \mathrm{d}y, \tag{3.1.8}$$

称为 f 与 g 的卷积. 若将卷积中的积分用 Riemann 和近似给出，

$$\int_{-\infty}^{\infty} f(x-y)g(y)\, \mathrm{d}y \approx \sum_k f(x-y_k)g(y_k)\, \Delta y_k,$$

由此式可知：$f * g$ 可看成若干个 $f(x-y_k)$ 的线性叠加，而 $g(y_k)\Delta y_k$ 为叠加的权重系数.

卷积运算具有如下几个性质：

(1) $f * (ag + bh) = af * g + bf * h$，其中 a, b 为常数；

(2) $f * g = g * f$；

(3) $f * (g * h) = (f * g) * h$.

证明　因为积分是线性运算，所以性质(1)显然成立；对于性质(2)，

$$f * g(x) = \int_{-\infty}^{\infty} f(x-y)g(y)\, \mathrm{d}y = \int_{-\infty}^{\infty} f(z)g(x-z)\, \mathrm{d}z = g * f(x), \quad z = x - y;$$

---

[7] Riemann-Lebesgue 引理第一次阅读时可以只掌握结论.

至于性质(3)，利用性质(2)的结果并交换积分次序可得，具体如下：

$$(f * g) * h(x) = \int_{-\infty}^{\infty} f * g(x-y)h(y)\,\mathrm{d}y = \int_{-\infty}^{\infty}\int_{-\infty}^{\infty} f(z)g(x-y-z)h(y)\,\mathrm{d}z\mathrm{d}y$$

$$= \int_{-\infty}^{\infty} f(z)\,g * h(x-z)\,\mathrm{d}z = f * (g * h)(x).$$

$\square$

设 f 可导且 $f * g$，$f' * g$ 存在，则 $f * g$ 也可导且 $(f * g)' = f' * g$，类似地，若 g 可导，则 $(f * g)' = f * g'$. 直接求导就可得到证明. 从该结论可以看到，可以将求导运算加到 f 和 g 中任意一个上面，因而即便 f 和 g 中某一个光滑性较差，$f * g$ 的光滑性也可以较好.

3.1.4　傅立叶变换的性质

定理 3.3　设 $f \in L^1(\mathbb{R})$,则

(1) 平移性质　$\forall a \in \mathbb{R}$，$\quad F[f(x-a)](\omega) = e^{-ia\omega}\widehat{f}(\omega)$，$\quad F[e^{iax}f(x)] = \widehat{f}(\omega - a)$;

(2) 伸缩性质　$\forall a \neq 0$，$\quad F[f(ax)](\omega) = \frac{1}{|a|}\widehat{f}(\frac{\omega}{a})$;

(3) 微分性质　设 $f \in C(\mathbb{R}), PS(\mathbb{R})$，$f' \in L^1(\mathbb{R})$，则 $F[f'(x)](\omega) = i\omega\widehat{f}(\omega)$，若 $xf(x) \in L^1(\mathbb{R})$，则 $F[xf(x)](\omega) = i\widehat{f}'(\omega)$;

(4) 卷积性质　设 $g, \widehat{f}, \widehat{g} \in L^1(\mathbb{R})$，则 $F[f * g] = \widehat{f}\,\widehat{g}$，$F^{-1}[\widehat{f} * \widehat{g}] = 2\pi f g$.

证明　性质(1)，

$$F[f(x-a)](\omega) = \int_{-\infty}^{\infty} f(x-a)e^{-i\omega x}\,\mathrm{d}x = \int_{-\infty}^{\infty} f(y)e^{-i\omega y - ia\omega}\,\mathrm{d}y = e^{-ia\omega}\widehat{f}(\omega),$$

$$F[e^{iax}f(x)] = \int_{-\infty}^{\infty} e^{iax}f(x)e^{-i\omega x}\,\mathrm{d}x = \int_{-\infty}^{\infty} f(x)e^{-i(\omega-a)x}\,\mathrm{d}x = \widehat{f}(\omega - a).$$

性质(2)的证明也很容易，留给读者. 至于性质(3)，因为 $f' \in L^1$，所以

$$f(+\infty) = f(0) + \int_0^{+\infty} f'(x)\,\mathrm{d}x$$

存在，类似可知 $f(-\infty)$ 存在，又因为 $f \in L^1$，所以 $f(\pm\infty) = 0$，从而分部积分可得

$$F[f'(x)](\omega) = \int_{-\infty}^{\infty} f'(x)e^{-i\omega x}\,\mathrm{d}x = -\int_{-\infty}^{\infty} (-i\omega)e^{-i\omega x}f(x)\,\mathrm{d}x = i\omega\widehat{f}(\omega).$$

另外直接计算可得

$$F[xf(x)](\omega) = \int_{-\infty}^{\infty} xf(x)e^{-i\omega x}\,\mathrm{d}x = i\frac{\mathrm{d}}{\mathrm{d}\omega}\int_{-\infty}^{\infty} e^{-i\omega x}f(x)\,\mathrm{d}x = i\widehat{f}'(\omega).$$

最后，证明性质(4)，

$$F[f * g](\omega) = \int_{-\infty}^{\infty}\int_{-\infty}^{\infty} e^{-i\omega x}f(x-y)g(y)\,\mathrm{d}y\mathrm{d}x = \int_{-\infty}^{\infty}\int_{-\infty}^{\infty} e^{-i\omega(x-y)}f(x-y)e^{-i\omega y}g(y)\,\mathrm{d}x\mathrm{d}y$$

$$= \int_{-\infty}^{\infty}\int_{-\infty}^{\infty} e^{-i\omega z}f(z)e^{-i\omega y}g(y)\,\mathrm{d}z\mathrm{d}y = \widehat{f}(\omega)\,\widehat{g}(\omega).$$

另外，利用卷积性质和相似性可得 $F^{-1}[\widehat{f} * \widehat{g}] = 2\pi f g$，具体过程留给读者.　　　　$\square$

例 3.2   利用傅立叶变换的性质计算下列函数的傅立叶变换:

(1) $\cos x \cdot f(2x)$;

(2) $(x-2) \cdot f(x)$;

(3) Gauss函数 $e^{-\alpha x^2}$, 常数 $\alpha > 0$.

解   (1) 利用性质(1-2), 计算得

$$F[f(2x)] = \frac{1}{2}\widehat{f}(\frac{\omega}{2}), \ F[\cos x \cdot f(2x)] = F[\frac{e^{ix}+e^{-ix}}{2}f(2x)] = \frac{1}{4}[\widehat{f}(\frac{\omega-1}{2})+\widehat{f}(\frac{\omega+1}{2})].$$

(2) 利用性质(3), 计算得

$$F[(x-2)\cdot f(x)] = F[xf(x)] - 2F[f] = i\widehat{f}'(\omega) - 2\widehat{f}(\omega).$$

(3) 记 $f(x) = e^{-\alpha x^2}$, 则 $f'(x) = -2\alpha x f(x)$, 在等式两边做傅立叶变换并利用性质(3)得

$$i\omega\widehat{f}(\omega) = -2\alpha i\widehat{f}'(\omega) \ \Rightarrow \ \widehat{f}'(\omega) + \frac{\omega}{2\alpha}\widehat{f}(\omega) = 0,$$

又因为

$$\widehat{f}(0) = \int_{-\infty}^{\infty} f(x)\,\mathrm{d}x = \int_{-\infty}^{\infty} e^{-\alpha x^2}\,\mathrm{d}x = \sqrt{\frac{\pi}{\alpha}},$$

所以

$$\widehat{f}(\omega) = \sqrt{\frac{\pi}{\alpha}}e^{-\frac{\omega^2}{4\alpha}}.$$

$\square$

3.1.5   平方可积空间中的傅立叶变换

[8]前面我们在 L^1 中建立了傅立叶变换, 而在上一章中我们知道傅立叶级数却是在 L^2 中来考虑的, 那么是不是可以在 L^2 中建立傅立叶变换? 这时会遇到一个困难, 即如果 $f \in L^2$, $f \notin L^1$, 积分 $\int_{-\infty}^{\infty} f(x)e^{-i\omega x}\,\mathrm{d}x$ 未必存在.

解决这一问题的关键是Parseval等式. 如果 $f, g \in L^1$ 使得 $\widehat{f}, \widehat{g} \in L^1$, 那么由定理3.2知, $\widehat{f}, \widehat{g}$ 有界, 从而 $\widehat{f}, \widehat{g} \in L^2$, 类似可以证明 $f, g \in L^2$. 于是计算 L^2 内积可得

$$(F[f], g)_{L^2} = \int_{-\infty}^{\infty}\int_{-\infty}^{\infty} f(x)e^{-i\omega x}\overline{g(\omega)}\,\mathrm{d}x\mathrm{d}\omega$$

$$= \int_{-\infty}^{\infty} f(x)\overline{\int_{-\infty}^{\infty} e^{i\omega x}g(\omega)\,\mathrm{d}\omega}\,\mathrm{d}x = (f, 2\pi F^{-1}[g])_{L^2}, \tag{3.1.9}$$

此式的意思是傅立叶变换F的共轭变换

$$F^* = 2\pi F^{-1}.$$

由此可得

$$(F[f], F[g])_{L^2} = (f, 2\pi F^{-1}F[g])_{L^2} = 2\pi(f, g)_{L^2}, \tag{3.1.10}$$

---

[8]平方可积空间中的傅立叶变换, 第一次阅读时可以只掌握结论.

特别地取 $g = f$ 得

$$\|\widehat{f}\|_{L^2}^2 = 2\pi \|f\|_{L^2}^2, \tag{3.1.11}$$

该式称为傅立叶变换的Parseval等式.

现在假设 f 是 L^2 中任意的函数, 利用磨光算子(mollifier)构造函数列 $\{f_n\}_1^\infty$ (详见[14]P213), 使得 $f_n \in L^1$, $\widehat{f}_n \in L^1$, 且 $\|f_n - f\|_{L^2} \to 0$. 利用Parseval等式,

$$\|\widehat{f}_n - \widehat{f}_m\|_{L^2}^2 = 2\pi \|f_n - f_m\|_{L^2}^2 \to 0, \quad n, m \to \infty,$$

因为 L^2 是完备空间, 所以 $\{\widehat{f}_n\}_1^\infty$ 在 L^2 中收敛, 故可以定义

$$\widehat{f} = \lim_{n \to \infty} \widehat{f}_n. \tag{3.1.12}$$

综上所述, 可得如下定理

定理 3.4　定义在 $L^1 \cap L^2$ 上的傅立叶变换, 可以唯一地延拓为 $L^2 \to L^2$ 的变换.

3.1.6　狄拉克函数与傅立叶变换

狄拉克函数 $\delta(x)$ 的定义如下

$$\delta(0) = +\infty; \quad \delta(x) = 0, \ x \neq 0; \quad \int_{-\infty}^{\infty} \delta(x)\,\mathrm{d}x = 1.$$

从普通函数的定义来理解, 狄拉克函数是不存在的, 但狄拉克函数却是一个具有简单明确的物理意义且非常有用的函数, 数学上称之为广义函数或者分布函数. 狄拉克函数 $\delta(x)$ 是物理学家狄拉克发明并首先用来表示位于原点的单位点源(单位质点, 单位点电荷)的分布密度函数, 比如 $c\delta(x-y)$ 可以表示位于 y 处的电量为 c 的点电荷. [9] 容易看到偶函数 $\delta(x)$ 具有如下性质:

(1) $\delta(ax) = \frac{1}{a}\delta(x), \ a > 0$;

(2) $\int_{-\infty}^{\infty} \delta(x)f(x)\,\mathrm{d}x = f(0), \quad \int_{-\infty}^{\infty} \delta(x-y)f(y)\,\mathrm{d}y = f(x), \quad i.e. \quad \delta * f = f$;

(3) $H(x) = \int_{-\infty}^{x} \delta(y)\,\mathrm{d}y, \quad H'(x) = \delta(x)$, 注: $H(x)$ 称为Heaviside函数;

(4) $\delta(x) = \frac{1}{2\pi} + \frac{1}{\pi}\sum_1^\infty \cos nx, \quad x \in (-\pi, \pi)$;

(5) $\delta(x-y) = \frac{2}{\pi}\sum_1^\infty \sin nx \sin ny, \quad x, y \in (0, \pi)$.

例 3.3　计算与验证

(1) $F[\delta(x)] = 1, \qquad\qquad F[\delta(x-x_0)] = e^{-ix_0\omega}$,

(2) $F[1] = 2\pi\delta(\omega), \qquad\qquad F[\sin ax] = \frac{\pi}{i}[\delta(\omega-a) - \delta(\omega+a)]$,

(3) $F[H(x)] = \pi\delta(\omega) + \frac{1}{i\omega}$,

---

[9]工程师和物理学家在二十世纪早期就开始广泛地使用广义函数, 但是广义函数的使用却缺乏坚实的数学基础, 这引起了专业数学家的关注. 直到二十世纪四十年代才由法国数学家施瓦茨(Laurent Schwarz)将广义函数看成是基本空间上的连续线性泛函, 从而为广义函数建立了严格的数学理论, 施瓦茨以此工作获得了1950年的第二届菲尔兹奖.

(4) $F[\text{sgn}x] = \frac{2}{i\omega}$，注：$\text{sgn}x = 2H(x) - 1 = H(x) - H(-x)$，

(5) $F[\frac{1}{x}] = -i\pi\text{sgn}\omega$.

解 只演算(2)，(3)和(5)，其余留给读者.

(2)
$$F[1] = 2\pi F^{-1}[1] = 2\pi\delta(\omega), \quad F[e^{iax}] = 2\pi\delta(\omega - a),$$

$$F[\sin ax] = \frac{1}{2i}(F[e^{iax}] - F[e^{-iax}]) = \frac{\pi}{i}[\delta(\omega - a) - \delta(\omega + a)].$$

(3)
$$F^{-1}[\pi\delta(\omega) + \frac{1}{i\omega}] = \frac{1}{2} + \frac{1}{2\pi}\int_{-\infty}^{\infty}\frac{1}{i\omega}e^{i\omega x}\,d\omega$$

$$= \frac{1}{2} + \frac{1}{2\pi}\cdot 2\int_{0}^{\infty}\frac{\sin\omega x}{\omega}\,d\omega = \frac{1}{2} + \frac{1}{2\pi}\cdot\pi\,\text{sgn}(x) = H(x).$$

(5)
$$F[\frac{1}{x}] = 2\pi F^{-1}[-\frac{1}{x}](\omega) = 2\pi\cdot(-\frac{i}{2}\text{sgn}\omega) = -i\pi\,\text{sgn}\omega.$$

□

3.2   傅立叶变换的应用

本节我们利用傅立叶变换来求解各类方程.

例 3.4   求解热方程初值问题

$$\begin{cases} u_t - ku_{xx} = 0, & -\infty < x < \infty,\ t > 0, \\ u(x,0) = \delta(x), & -\infty < x < \infty. \end{cases} \tag{3.2.1}$$

解   这是一个无界杆的热传导问题，初始热能集中在 $x = 0$ 处. 在等式两边关于变量 x 做傅立叶变换得

$$\widehat{u}_t(\omega,t) - k(i\omega)^2\widehat{u}(\omega,t) = 0, \quad \widehat{u}(\omega,0) = 1,$$

解出该ODE得 $\widehat{u}(\omega,t) = e^{-k\omega^2 t}$，再求傅立叶逆变换得

$$u(x,t) = F^{-1}[e^{-kt\omega^2}] = \frac{1}{\sqrt{4k\pi t}}e^{-\frac{x^2}{4kt}},$$

最后一步用到了Gauss函数的傅立叶变换.

□

我们将问题(3.2.1)的解称为热方程的**基本解**(热核)，记为 $H(x,t)$，从函数 $H(x,t)$ 的图像可以看到，$t = 0$ 时刻热能集中在 $x = 0$ 处，随着时间的增大，热能不断向周围扩散. 容易计算 $\int_{-\infty}^{\infty}H(x,t)\,dx = 1$，所以在整个热扩散过程中，总热能保持不变.

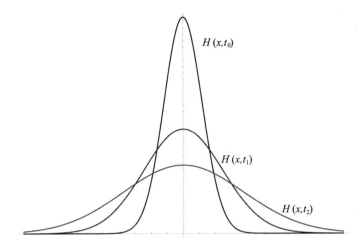

另外，我们注意到只要初始热量在某点出现，则不论距离多么远，总能立即受到它的影响，因而热传导方程具有无穷传播速度. 这种无穷传播速度当然是一个近似，只有当时间足够长之后，热传导方程才能足够好地刻画实际的热传导过程.

将上面的方法推广到带有一般初始温度的热方程初值问题.

例 3.5　求解热方程初值问题

$$
\begin{cases}
u_t - k u_{xx} = 0, & -\infty < x < \infty, \ t > 0, \\
u(x,0) = g(x), & -\infty < x < \infty.
\end{cases}
\tag{3.2.2}
$$

解　与上面的过程一样，可求得

$$
u(x,t) = F^{-1}[\widehat{g}(\omega) \cdot e^{-kt\omega^2}] = g(x) * H(x,t) = \int_{-\infty}^{\infty} H(x-y,t)g(y)\,\mathrm{d}y.
$$

从这个解的表达式可以分析其物理意义：$H(x-y,t)$ 是初始温度为 y 处的单位点热源 $\delta(x-y)$ 对应的解，而 $g(y)\,\mathrm{d}y$ 是 y 处的点热源强度，将所有的点热源对应的解叠加(积分)即得整个初始温度 $g(x)$ 对应的解，这就是积分意义下的线性叠加原理.　　□

再推广到非齐次热方程初值问题.

例 3.6　求解带热源的热方程初值问题

$$
\begin{cases}
u_t - k u_{xx} = f(x,t), & -\infty < x < \infty, \ t > 0, \\
u(x,0) = g(x), & -\infty < x < \infty.
\end{cases}
\tag{3.2.3}
$$

解　等式两边关于 x 做傅立叶变换得

$$
\widehat{u}_t(\omega,t) - k(i\omega)^2 \widehat{u}(\omega,t) = \widehat{f}(\omega,t), \quad \widehat{u}(\omega,0) = \widehat{g}(\omega),
$$

解得

$$
\widehat{u}(\omega,t) = \widehat{g}(\omega) \cdot e^{-kt\omega^2} + \int_0^t \widehat{f}(\omega,s)e^{-k(t-s)\omega^2}\,\mathrm{d}s,
$$

再求傅立叶逆变换得

$$
u(x,t) = F^{-1}[\widehat{g}(\omega) \cdot e^{-kt\omega^2}] + F^{-1}\Big[\int_0^t \widehat{f}(\omega,s)e^{-k(t-s)\omega^2}\,\mathrm{d}s\Big]
$$

$$= g(x) * H(x,t) + \int_0^t f(x,s) * H(x,t-s)\,\mathrm{d}s$$

$$= \int_{-\infty}^{\infty} H(x-y,t)g(y)\,\mathrm{d}y + \int_0^t \int_{-\infty}^{\infty} H(x-y,t-s)f(y,s)\,\mathrm{d}y\mathrm{d}s.$$

□

接下来，我们来研究波动方程的初值问题.

例 3.7　求解一维波动方程初值问题

$$\begin{cases} u_{tt} - a^2 u_{xx} = 0, & -\infty < x < \infty,\ t > 0, \\ u(x,0) = 0,\quad u_t(x,0) = \delta(x), & -\infty < x < \infty. \end{cases} \tag{3.2.4}$$

解　等式两边关于 x 做傅立叶变换得

$$\widehat{u}_{tt}(\omega,t) - a^2(i\omega)^2 \widehat{u}(\omega,t) = 0,\quad \widehat{u}(\omega,0) = 0,\quad \widehat{u}_t(\omega,0) = 1,$$

解得

$$\widehat{u}(\omega,t) = \frac{\sin at\omega}{a\omega} = \frac{1}{4a} \cdot \frac{2}{i\omega} \cdot (e^{iat\omega} - e^{-iat\omega}),$$

利用 $F[\mathrm{sgn}x] = \frac{2}{i\omega}$，求傅立叶逆变换得

$$u(x,t) = \frac{1}{4a}[\mathrm{sgn}(x+at) - \mathrm{sgn}(x-at)] = \frac{1}{2a} H(at - |x|).$$

将(3.2.4)的解称为一维波动方程的基本解，记为 $W(x,t)$.

□

例 3.8　求解一维波动方程初值问题

$$\begin{cases} u_{tt} - a^2 u_{xx} = 0, & -\infty < x < \infty,\ t > 0, \\ u(x,0) = \varphi(x),\quad u_t(x,0) = \psi(x), & -\infty < x < \infty. \end{cases} \tag{3.2.5}$$

解　等式两边关于 x 做傅立叶变换得

$$\widehat{u}_{tt}(\omega,t) - a^2(i\omega)^2 \widehat{u}(\omega,t) = 0,\quad \widehat{u}(\omega,0) = \widehat{\varphi}(\omega),\quad \widehat{u}_t(\omega,0) = \widehat{\psi}(\omega),$$

解得

$$\widehat{u}(\omega,t) = \cos a\omega t \widehat{\varphi}(\omega) + \frac{\sin at\omega}{a\omega} \widehat{\psi}(\omega),$$

求傅立叶逆变换得

$$u(x,t) = \frac{1}{2}[\varphi(x+at) + \varphi(x-at)] + W(x,t) * \psi(x),$$

即

$$u(x,t) = \frac{1}{2}[\varphi(x+at) + \varphi(x-at)] + \frac{1}{2a} \int_{x-at}^{x+at} \psi(y)\,\mathrm{d}y. \tag{3.2.6}$$

□

注 3.2　公式(3.2.6)称为达朗贝尔公式. 由此公式可以看到问题(3.2.5)的解由两个部分组成，容易看到第二部分中的函数对 t 求导即可以得到第一部分的函数. 由此公式也可以观察到当初始函数 φ, ψ 是奇函数时解也是奇函数，而当 φ, ψ 是偶函数时解也是偶函数.

例3.9　求解上半平面拉普拉斯方程边值问题

$$\begin{cases} u_{xx} + u_{yy} = 0, & -\infty < x < \infty, \ y > 0, \\ u(x,0) = \varphi(x), \quad u(x,+\infty) = 0, & -\infty < x < \infty. \end{cases} \quad (3.2.7)$$

解　等式两边关于x做傅立叶变换得

$$(i\omega)^2 \hat{u}(\omega,y) + \hat{u}_{yy}(\omega,y) = 0, \quad \hat{u}(\omega,0) = \hat{\varphi}(\omega), \quad \hat{u}(\omega,+\infty) = 0,$$

解得

$$\hat{u}(\omega,y) = \hat{\varphi}(\omega) e^{-y|\omega|},$$

求傅立叶逆变换得

$$u(x,y) = \varphi(x) * \frac{y}{\pi(x^2+y^2)} = \int_{-\infty}^{\infty} \frac{y\varphi(x-\xi)}{\pi(\xi^2+y^2)} \, d\xi.$$

$\square$

例3.10　求解一维半无界波动方程初边值问题

$$\begin{cases} u_{tt} - a^2 u_{xx} = 0, & x > 0, \ t > 0, \\ u(0,t) = 0, & t \geq 0, \\ u(x,0) = \varphi(x), \quad u_t(x,0) = \psi(x), & x \geq 0, \end{cases} \quad (3.2.8)$$

其中$\varphi(0) = 0$, $\psi(0) = 0$，这个条件称为初值和边值的相容性条件.

解　本问题无法直接用傅立叶变换. 考虑到边界条件，我们采用奇延拓的方法将函数$\varphi(x)$, $\psi(x)$延拓为$\mathbb{R}$上的奇函数$\Phi(x)$, $\Psi(x)$. 考虑以$\Phi(x)$, $\Psi(x)$为初值的波动方程初值问题

$$\begin{cases} U_{tt} - a^2 U_{xx} = 0, & -\infty < x < \infty, \ t > 0, \\ U(x,0) = \Phi(x), \quad U_t(x,0) = \Psi(x), & -\infty < x < \infty. \end{cases} \quad (3.2.9)$$

容易看到$U(x,t)$关于x也是奇函数，因而$U(0,t) = 0$. 在$x > 0$, $t > 0$上比较$u(x,t)$和$U(x,t)$，可以看到它们满足相同的PDE，相同的边界条件，相同的初始条件，因而

$$u(x,t) = U(x,t) = \frac{1}{2}[\Phi(x+at) + \Phi(x-at)] + \frac{1}{2a}\int_{x-at}^{x+at} \Psi(y)\,dy, \quad x > 0, \ t > 0.$$

所以当$x \geq at$时，

$$u(x,t) = \frac{1}{2}[\varphi(x+at) + \varphi(x-at)] + \frac{1}{2a}\int_{x-at}^{x+at} \psi(y)\,dy,$$

当$0 < x < at$时，

$$u(x,t) = \frac{1}{2}[\varphi(x+at) - \varphi(at-x)] + \frac{1}{2a}\int_{at-x}^{x+at} \psi(y)\,dy.$$

$\square$

我们将直线族$x \pm at = C$称为一维波动方程的特征线，容易看到一维波沿着特征线传播. 当$x \geq at$时，上题的解和(3.2.6)中的解一致；而当$0 < x < at$时，解(波)沿着特征线传播到边界处发生了反射. 如果将例子中的边界条件改为齐次Neumann条件$u_x(0,t) = 0$，请读者推导并思考问题的解会有哪些不同?

例 3.11　试用傅里叶变换求解薛定谔稳态方程的特征值问题

$$H\phi + \lambda\phi = 0, \quad -\infty < x < \infty,$$

其中

$$H = -\frac{\hbar^2}{2m}\frac{d^2}{dx^2} + V(x)$$

被称为哈密顿算子，λ 是其特征值，ϕ 是其特征函数表示粒子的状态，m 是微观粒子的质量，$\hbar$ 是约化普朗克常数，$V(x)$ 是粒子所在力场的势函数. 假设粒子处于束缚状态即 $\lambda > 0$，并且粒子所在力场的势函数是 δ 势阱即

$$V(x) = -\alpha\delta(x), \quad 常数 \ \alpha > 0.$$

另外此问题的边界在无穷远处，所以还需要加上特殊的定解条件，即归一化条件

$$\int_{-\infty}^{\infty} |\phi(x)|^2\,dx = 1.$$

解　将特征值方程写为

$$\phi''(x) - k^2\phi(x) = -A\delta(x)\phi(x),$$

其中

$$k = \sqrt{\frac{2m\lambda}{\hbar^2}}, \quad A = \frac{2m\alpha}{\hbar^2}.$$

在方程两边做傅里叶变换得

$$-\omega^2\widehat{\phi} - k^2\widehat{\phi} = -A\int_{-\infty}^{\infty}\delta(x)\phi(x)e^{-i\omega x}\,dx = -A\phi(0),$$

计算得

$$\widehat{\phi} = \frac{A\phi(0)}{k^2 + \omega^2},$$

求傅里叶逆变换得

$$\phi(x) = \frac{A\phi(0)}{2k}e^{-k|x|}.$$

在等式两边取 $x = 0$ 得 $A = 2k$，所以

$$\phi(x) = \phi(0)e^{-k|x|}, \quad k = \frac{A}{2} = \frac{m\alpha}{\hbar^2},$$

从而特征值为

$$\lambda = \frac{m\alpha^2}{2\hbar^2},$$

再将 $\phi(x)$ 代入归一化条件得

$$\int_{-\infty}^{\infty}|\phi(x)|^2\,dx = |\phi(0)|^2\int_{-\infty}^{\infty}e^{-2k|x|}\,dx = \frac{|\phi(0)|^2}{k} = 1,$$

所以 $\phi(0) = \sqrt{k}$，于是特征函数为

$$\phi(x) = \frac{\sqrt{m\alpha}}{\hbar}e^{-\frac{m\alpha}{\hbar^2}|x|}.$$

3.3　多重傅立叶变换与高维问题

本节介绍$\mathbb{R}^n$中函数的多重傅立叶变换，并将其应用到几个高维PDE问题中.

定义 3.3　记$x = (x_1, x_2, \cdots, x_n) \in \mathbb{R}^n$，$\omega = (\omega_1, \omega_2, \cdots, \omega_n) \in \mathbb{R}^n$，设$f(x)$是$\mathbb{R}^n$中的函数，$f \in L^1(\mathbb{R}^n)$，定义$f$的傅立叶变换为

$$F[f](\omega) = \widehat{f}(\omega) = \int_{\mathbb{R}^n} f(x) e^{-i\omega \cdot x} \, \mathrm{d}x,$$

其中$\omega \cdot x = \sum \omega_k x_k$为向量$\omega$与向量$x$的内积，$\mathrm{d}x = \mathrm{d}x_1 \mathrm{d}x_2 \cdots \mathrm{d}x_n$. 设$g \in L^1(\mathbb{R}^n)$，定义$g$的傅立叶逆变换为

$$F^{-1}[g](x) = \frac{1}{(2\pi)^n} \int_{\mathbb{R}^n} g(\omega) e^{i\omega \cdot x} \, \mathrm{d}\omega.$$

容易看到多重傅立叶变换即对多元函数的每个变量都做一维傅立叶变换，而逆变换是对每个变量都做一维傅立叶逆变换，因而一维傅立叶变换的各种性质都可以利用，比如

$$F[\partial_{x_k} f] = i\omega_k \widehat{f}(\omega), \quad F[\partial^2_{x_k x_k} f] = (i\omega_k)^2 \widehat{f}(\omega), \quad F[\Delta f] = -|\omega|^2 \widehat{f}(\omega).$$

例 3.12　考虑n维热方程初值问题

$$\begin{cases} u_t - k\Delta u = 0, & x \in \mathbb{R}^n, \ t > 0, \\ u(x,0) = g(x), & x \in \mathbb{R}^n. \end{cases} \tag{3.3.1}$$

解　等式两边对x做傅立叶变换得

$$\widehat{u}_t(\omega, t) + k|\omega|^2 \widehat{u}(\omega, t) = 0, \quad \widehat{u}(\omega, 0) = \widehat{g}(\omega),$$

解得

$$\widehat{u}(\omega, t) = \widehat{g}(\omega) e^{-kt|\omega|^2}.$$

做傅立叶逆变换得

$$u(x,t) = g(x) * F^{-1}[e^{-kt|\omega|^2}].$$

计算

$$\begin{aligned} F^{-1}[e^{-kt|\omega|^2}] &= F^{-1}[e^{-kt(\omega_1^2 + \omega_2^2 + \cdots + \omega_n^2)}] \\ &= F^{-1}[e^{-kt\omega_1^2}] \cdot F^{-1}[e^{-kt\omega_2^2}] \cdot \cdots \cdot F^{-1}[e^{-kt\omega_n^2}] \\ &= H(x_1, t) \cdot H(x_2, t) \cdot \cdots \cdot H(x_n, t) \\ &= \frac{1}{(4k\pi t)^{n/2}} e^{-\frac{|x|^2}{4kt}} := H(x, t), \end{aligned}$$

所以

$$u(x,t) = g(x) * H(x,t) = \int_{\mathbb{R}^n} H(x-y, t) g(y) \, \mathrm{d}y,$$

其中$H(x,t)$称为n维热方程的基本解.　　　　□

例 3.13　考虑三维波动方程的初值问题

$$\begin{cases} u_{tt} - a^2 \Delta u = 0, & x \in \mathbb{R}^3, \ t > 0, \\ u(x,0) = 0, \quad u_t(x,0) = \psi(x), & x \in \mathbb{R}^3. \end{cases} \tag{3.3.2}$$

解　等式两边对 x 做傅立叶变换得

$$\widehat{u}_{tt}(\omega,t) + a^2 |\omega|^2 \widehat{u}(\omega,t) = 0, \quad \widehat{u}(\omega,0) = 0, \quad \widehat{u}_t(\omega,0) = \widehat{\psi}(\omega),$$

解得

$$\widehat{u}(\omega,t) = \widehat{\psi}(\omega) \frac{\sin at|\omega|}{a|\omega|}.$$

做傅立叶逆变换得

$$u(x,t) = \psi(x) * W(x,t),$$

其中

$$W(x,t) = F^{-1}\left[\frac{\sin at|\omega|}{a|\omega|}\right] = \frac{1}{(2\pi)^3} \int_{\mathbb{R}^3} \frac{\sin at|\omega|}{a|\omega|} e^{i\omega \cdot x} \, d\omega,$$

利用旋转不变性可取 $x = (0,0,|x|)$，对 ω 采用球坐标 (r,θ,φ)，则

$$|\omega| = r, \quad \omega \cdot x = r|x|\cos\theta,$$

所以

$$\begin{aligned}
W(x,t) &= \frac{1}{(2\pi)^3} \int_0^{2\pi} d\varphi \int_0^\infty dr \int_0^\pi \frac{\sin atr}{ar} e^{ir|x|\cos\theta} r^2 \sin\theta \, d\theta \\
&= \frac{-1}{4\pi^2 ai|x|} \left[\int_0^\infty \sin atr \cdot e^{-i|x|r} \, dr - \int_0^\infty \sin atr \cdot e^{i|x|r} \, dr \right] \\
&= \frac{i}{4\pi^2 a|x|} \int_{-\infty}^\infty \sin atr \cdot e^{-i|x|r} \, dr = \frac{i}{4\pi^2 a|x|} F[\sin atr](|x|) \\
&= \frac{i}{4\pi^2 a|x|} \cdot \frac{\pi}{i} [\delta(|x| - at) - \delta(|x| + at)] \\
&= \frac{1}{4\pi a|x|} \delta(|x| - at) = \frac{1}{4\pi a^2 t} \delta(|x| - at).
\end{aligned}$$

最后计算

$$\begin{aligned}
u(x,t) &= \psi(x) * W(x,t) = \int_{\mathbb{R}^3} \psi(x - y) W(y,t) \, dy \\
&= \frac{1}{4\pi a^2 t} \int_{\mathbb{R}^3} \psi(x - y) \delta(|y| - at) \, dy \quad (r = |y|) \\
&= \frac{1}{4\pi a^2 t} \int_0^\infty dr \iint_{\partial B_r(0)} \psi(x - y) \delta(r - at) \, dS_r \\
&= \frac{1}{4\pi a^2 t} \iint_{\partial B_{at}(0)} \psi(x - y) \, dS_{at} \int_0^\infty \delta(r - at) \, dr \\
&= \frac{1}{4\pi a^2 t} \iint_{\partial B_{at}(0)} \psi(x - y) \, dS_{at},
\end{aligned}$$

变形得泊松公式

$$u(x,t) = \frac{1}{4\pi a^2 t} \iint_{\partial B_{at}(x)} \psi(y)\,dS_{at}. \tag{3.3.3}$$

$\square$

注 3.3　上述计算中的一个关键是用到了积分

$$I(x) = \int_{\mathbb{R}^3} f(|\omega|)e^{i\omega \cdot x}\,d\omega$$

关于变量 x 的旋转不变性, 证明如下: 对 x 做旋转变换 R, 则

$$I(Rx) = \int_{\mathbb{R}^3} f(|\omega|)e^{i\omega \cdot Rx}\,d\omega.$$

换元法, 令 $\omega = R\xi$, 则

$$I(Rx) = \int_{\mathbb{R}^3} f(|R\xi|)e^{iR\xi \cdot Rx}\,d(R\xi),$$

注意到

$$|R\xi| = |\xi|, \quad R\xi \cdot Rx = \xi \cdot x, \quad d(R\xi) = d\xi,$$

所以

$$I(Rx) = \int_{\mathbb{R}^3} f(|\xi|)e^{i\xi \cdot x}\,d\xi = I(x).$$

积分 $I(x)$ 的旋转不变性也可以理解为选取 x 的方向作为 ω 的 "z 轴" 方向, 再建立坐标系, 那么 $x = (0,0,|x|)$.

例 3.14　求三维拉普拉斯方程的基本解

$$-\Delta\phi(x) = \delta(x), \quad x = (x_1, x_2, x_3) \in \mathbb{R}^3, \tag{3.3.4}$$

其中 $\delta(x) = \delta(x_1)\delta(x_2)\delta(x_3)$ 是三维狄拉克函数, 表示在位于原点 $(0,0,0)$ 处的单位点源.

解　等式两边对 x 做傅立叶变换可解得

$$\widehat{\phi}(\omega) = \frac{1}{|\omega|^2},$$

做傅立叶逆变换得

$$\phi(x) = F^{-1}\left[\frac{1}{|\omega|^2}\right] = \frac{1}{(2\pi)^3} \int_{\mathbb{R}^3} \frac{1}{|\omega|^2}e^{i\omega \cdot x}\,d\omega,$$

与上题的技巧一样, 利用旋转不变性取 $x = (0,0,|x|)$, 得

$$\phi(x) = \frac{1}{(2\pi)^3} \int_0^{2\pi} d\varphi \int_0^\infty dr \int_0^\pi \frac{1}{r^2}e^{ir|x|\cos\theta}r^2\sin\theta\,d\theta = \frac{-1}{4\pi^2 i|x|} \int_{-\infty}^\infty \frac{1}{r}e^{-i|x|r}\,dr.$$

再利用例 3.3(5) 的结果, 计算可得

$$\phi(x) = \frac{1}{4\pi|x|}, \tag{3.3.5}$$

具体计算过程留给读者完成.

$\square$

例 3.15   现在考虑 $\mathbb{R}^3$ 中的泊松方程

$$-\Delta u(x) = f(x), \quad x \in \mathbb{R}^3, \tag{3.3.6}$$

其中 $f \in L^1(\mathbb{R}^3)$ 可以表示空间中电荷的分布密度，而 u 则可以表示电荷产生的静电场的电势分布函数. 注意到 PDE 在整个空间 $\mathbb{R}^3$ 中成立，因而没有边界. 利用傅立叶变换容易计算得

$$\widehat{u}(\omega) = \frac{1}{|\omega|^2} \cdot \widehat{f}(\omega),$$

所以

$$u(x) = \phi(x) * f(x) = \int_{\mathbb{R}^3} \phi(x-y) f(y) \, \mathrm{d}y, \tag{3.3.7}$$

其中 $\phi(x)$ 为三维拉普拉斯方程的基本解. 容易看到 $-\Delta_x \phi(x-y) = \delta(x-y)$，所以在解的表达式中，$\phi(x-y)$ 表示 y 处的单位点电荷产生的电势，而 $f(y)\,\mathrm{d}y$ 表示 y 处的点电荷的电荷强度(电量)，将 $\mathbb{R}^3$ 中所有点电荷产生的电势叠加(积分)即为总的电势 $u(x)$.

例 3.16   最后来考虑二维波动方程的初值问题

$$\begin{cases} u_{tt} - a^2 \Delta u = 0, & x \in \mathbb{R}^2, \ t > 0, \\ u(x,0) = 0, \quad u_t(x,0) = \psi(x), & x \in \mathbb{R}^2. \end{cases} \tag{3.3.8}$$

解   [10] 仿照三维情况的求解过程得

$$u(x,t) = \psi(x) * W(x,t),$$

其中 $W(x,t)$ 是二维波动方程的基本解，即

$$W(x,t) = F^{-1}\Big[\frac{\sin at|\omega|}{a|\omega|}\Big] = \frac{1}{(2\pi)^2} \int_{\mathbb{R}^2} \frac{\sin at|\omega|}{a|\omega|} e^{i\omega \cdot x} \, \mathrm{d}\omega.$$

令

$$K_\varepsilon(\omega,t) = \frac{\sin at|\omega|}{a|\omega|} e^{-\varepsilon|\omega|},$$

则

$$K_\varepsilon(\omega,t) = \frac{e^{-(\varepsilon-iat)|\omega|} - e^{-(\varepsilon+iat)|\omega|}}{2ia|\omega|} = \frac{1}{2ia} \int_{\varepsilon-iat}^{\varepsilon+iat} e^{-\tau|\omega|} \, \mathrm{d}\tau.$$

利用后面例 3.19 中的结论 $e^{-b} = \widetilde{h}(1)$，即

$$e^{-b} = \int_0^\infty \frac{1}{\sqrt{\pi s}} e^{-\frac{b^2}{4s}} \cdot e^{-s} \, \mathrm{d}s.$$

取 $b = \tau|\omega|$，再对上式求傅立叶逆变换得

$$F^{-1}[e^{-\tau|\omega|}] = \int_0^\infty \frac{e^{-s}}{\sqrt{\pi s}} F^{-1}[e^{-\frac{\tau^2}{4s}|\omega|^2}] \, \mathrm{d}s.$$

与例 3.12 中的计算类似，可得二维情况下的傅立叶逆变换

$$F^{-1}[e^{-\frac{\tau^2}{4s}|\omega|^2}] = \frac{s}{\pi\tau^2} e^{-\frac{s}{\tau^2}|x|^2},$$

---

[10] 初次阅读时，只需掌握二维波动方程基本解的结果，具体的计算过程不做要求. 值得注意的是，运用三维情形下类似的方法也可以得到二维基本解的结果，但是需要用到 Bessel 函数 $J_0(x)$ 和 0 阶 Hankel 变换的一些知识，具体运算参考附录 D. 这里我们采用"修改函数"的方法来求解.

代入得

$$F^{-1}[e^{-\tau|\omega|}] = \int_0^\infty \frac{e^{-s}}{\sqrt{\pi s}} \frac{s}{\pi \tau^2} e^{-\frac{s}{\tau^2}|x|^2} \, ds$$

$$= \frac{1}{\pi^{3/2} \tau^2} \int_0^\infty s^{1/2} e^{-(1+\frac{|x|^2}{\tau^2})s} \, ds$$

$$= \frac{\Gamma(\frac{3}{2})}{\pi^{3/2}} \cdot \frac{\tau}{(\tau^2 + |x|^2)^{3/2}} = \frac{\tau}{2\pi(\tau^2 + |x|^2)^{3/2}}.$$

从而

$$F^{-1}[K_\varepsilon(\omega, t)] = \frac{1}{2ia} \int_{\varepsilon-iat}^{\varepsilon+iat} F^{-1}[e^{-\tau|\omega|}] \, d\tau = \frac{1}{4\pi i a} \int_{\varepsilon-iat}^{\varepsilon+iat} \frac{\tau}{(\tau^2 + |x|^2)^{3/2}} \, d\tau$$

$$= \frac{1}{4\pi i a} \left[\frac{1}{((\varepsilon-iat)^2 + |x|^2)^{1/2}} - \frac{1}{((\varepsilon+iat)^2 + |x|^2)^{1/2}} \right].$$

当 $|x| > at$ 时，

$$\lim_{\varepsilon \to 0+} [(\varepsilon - iat)^2 + |x|^2]^{1/2} = \lim_{\varepsilon \to 0+} [(\varepsilon + iat)^2 + |x|^2]^{1/2} = (|x|^2 - a^2 t^2)^{1/2} > 0,$$

所以

$$W(x, t) = \lim_{\varepsilon \to 0+} F^{-1}[K_\varepsilon(\omega, t)] = 0, \quad |x| > at.$$

当 $|x| < at$ 时，

$$\lim_{\varepsilon \to 0+} [(\varepsilon - iat)^2 + |x|^2]^{1/2} = -i(a^2 t^2 - |x|^2)^{1/2} = - \lim_{\varepsilon \to 0+} [(\varepsilon + iat)^2 + |x|^2]^{1/2},$$

所以

$$W(x, t) = \lim_{\varepsilon \to 0+} F^{-1}[K_\varepsilon(\omega, t)] = \frac{1}{2\pi a \sqrt{a^2 t^2 - |x|^2}}, \quad |x| < at.$$

综合即得

$$W(x, t) = \frac{H(at - |x|)}{2\pi a \sqrt{a^2 t^2 - |x|^2}},$$

从而

$$u(x, t) = \psi(x) * \frac{H(at - |x|)}{2\pi a \sqrt{a^2 t^2 - |x|^2}} = \frac{1}{2\pi a} \iint_{|x-y| < at} \frac{\psi(y)}{\sqrt{a^2 t^2 - |x - y|^2}} \, dy.$$

$\square$

3.4　拉普拉斯变换及其应用

3.4.1　拉普拉斯变换的定义

设函数 $f \in L^1(\mathbb{R})$，$t < 0$ 时，$f(t) = 0$，则

$$\hat{f}(\omega) = \int_0^\infty f(t) e^{-i\omega t} \, dt.$$

注意到上式中的 ω 在一定条件下可以取为复数，于是令 $p = i\omega$，则

$$\hat{f}(-ip) = \int_0^\infty f(t)e^{-pt}\,\mathrm{d}t.$$

记 $\hat{f}(-ip) = L[f](p)$，此即为拉普拉斯变换.

定义 3.4　设函数集 $E = \{f|\ f \in PC[0, +\infty),\ |f(t)| \le Ce^{at}\}$.

为了方便起见，规定：若 $f \in E$，则 $t < 0$, $f(t) = 0$. 如果 f 定义在 $(-\infty, +\infty)$，则可用 $H(t)f(t)$ 替代 $f(t)$.

定义 3.5　设 $f \in E$，p 为复数，$\operatorname{Re}p > a$，称

$$L[f](p) = \tilde{f}(p) = \int_0^\infty f(t)e^{-pt}\,\mathrm{d}t$$

为 f 的拉普拉斯变换. 容易看到拉普拉斯变换是线性变换.

例 3.17　利用拉普拉斯变换的定义计算下列函数的拉普拉斯变换：

(1) $H(t),\quad t,\quad t^n,\quad t^\alpha\ (\alpha > -1),$

(2) $e^{st},\quad te^{st},$

(3) $\sin\omega t,\quad \cos\omega t,\quad \sinh\omega t,\quad \cosh\omega t.$

解　(1) $L[H(t)](p) = \int_0^\infty e^{-pt}\,\mathrm{d}t = -\dfrac{1}{p}e^{-pt}\Big|_0^\infty = 1/p,\quad \operatorname{Re}p > 0.$

$$L[t](p) = \int_0^\infty t\,e^{-pt}\,\mathrm{d}t = -\frac{1}{p}te^{-pt}\Big|_0^\infty + \frac{1}{p}\int_0^\infty e^{-pt}\,\mathrm{d}t = 1/p^2,\quad \operatorname{Re}p > 0.$$

$$L[t^n] = \int_0^\infty t^n\,e^{-pt}\,\mathrm{d}t = -\frac{1}{p}t^n e^{-pt}\Big|_0^\infty + \frac{n}{p}\int_0^\infty t^{n-1}\,e^{-pt}\,\mathrm{d}t = \frac{n}{p}L[t^{n-1}] = n!/p^{n+1},\quad \operatorname{Re}p > 0.$$

$$L[t^\alpha] = \int_0^\infty t^\alpha\,e^{-pt}\,\mathrm{d}t = \int_0^\infty \frac{s^\alpha}{p^{\alpha+1}}\,e^{-s}\,\mathrm{d}s = \frac{\Gamma(\alpha+1)}{p^{\alpha+1}},\quad \operatorname{Re}p > 0.$$

(2)

$$L[e^{st}] = \int_0^\infty e^{st}\,e^{-pt}\,\mathrm{d}t = \int_0^\infty e^{-(p-s)t}\,\mathrm{d}t = -\frac{1}{p-s}e^{-(p-s)t}\Big|_0^\infty = \frac{1}{p-s},\quad \operatorname{Re}p > s.$$

$$L[te^{st}] = \int_0^\infty te^{st}\,e^{-pt}\,\mathrm{d}t = \int_0^\infty te^{-(p-s)t}\,\mathrm{d}t$$

$$= -\frac{1}{p-s}te^{-(p-s)t}\Big|_0^\infty + \frac{1}{p-s}\int_0^\infty e^{-(p-s)t}\,\mathrm{d}t = \frac{1}{(p-s)^2},\quad \operatorname{Re}p > s.$$

(3)

$$L[\sin\omega t] = L\Big[\frac{e^{i\omega t} - e^{-i\omega t}}{2i}\Big] = \frac{1}{2i}\Big(\frac{1}{p-i\omega} - \frac{1}{p+i\omega}\Big) = \frac{\omega}{p^2+\omega^2}.$$

$$L[\cos\omega t] = L\Big[\frac{e^{i\omega t} + e^{-i\omega t}}{2}\Big] = \frac{1}{2}\Big(\frac{1}{p-i\omega} + \frac{1}{p+i\omega}\Big) = \frac{p}{p^2+\omega^2}.$$

至于 $L[\sinh\omega t]$ 和 $L[\cosh\omega t]$ 的计算，留给读者.　　　　　　□

3.4.2 拉普拉斯变换的性质

定理 3.5　设 $f \in E$，$|f(t)| \le Ce^{at}$，令 $p = x + iy$，则

(1) $\forall x > a$, $|y| \to \infty$, $L[f](x + iy) \to 0$;　(2) $\forall y$, $x \to +\infty$, $L[f](x + iy) \to 0$.

证明　(1)

$$\forall x > a, \quad |f(t)e^{-xt}| \le Ce^{-(x-a)t} \quad \Rightarrow \quad f(t)e^{-xt} \in L^1,$$

由傅立叶变换的 Riemann-Lebesgue 引理知

$$L[f](x + iy) = F[f(t)e^{-xt}](y) \to 0, \quad |y| \to \infty.$$

(2)

$$|L[f](x + iy)| = |\int_0^\infty f(t)e^{-xt}e^{-iyt}\,dt| \le C\int_0^\infty e^{-(x-a)t}\,dt \to 0, \quad x \to +\infty.$$

$\square$

定理 3.6　拉普拉斯变换的性质：设 $f \in E$，

(1) 平移性质：设 $a > 0$, $p_0 \in C$，则
$$L[H(t-a)f(t-a)] = e^{-ap}\widetilde{f}(p), \quad L[e^{p_0 t}f(t)] = \widetilde{f}(p - p_0);$$

(2) 伸缩性质：设 $a > 0$，则 $L[f(at)] = \dfrac{1}{a}\widetilde{f}(p/a)$;

(3) 微分性质：设 $f \in C[0, +\infty)$, $PS[0, +\infty)$, $f' \in E$，则
$$L[f'](p) = p\widetilde{f}(p) - f(0), \tag{3.4.1}$$
若 $f'' \in E$，则 $L[f''](p) = p^2\widetilde{f}(p) - pf(0) - f'(0)$;

(4) 积分性质：$L[\int_0^t f(s)\,ds] = \widetilde{f}(p)/p$;

(5) 乘 t 性质：$L[tf(t)] = -\widetilde{f}'(p)$;

(6) 除 t 性质：设 $f(t)/t \in E$，则 $L[f(t)/t] = \int_p^\infty \widetilde{f}(s)\,ds$;

(7) 卷积性质：设 $g \in E$，则
$$f * g(t) = \begin{cases} \int_0^t f(t-s)g(s)\,ds, & t \ge 0, \\ 0, & t < 0, \end{cases}$$
$$f * g \in E, \quad L[f * g] = L[f]L[g].$$

证明　(1) 平移性质和 (2) 伸缩性质和傅立叶变换中的类似，请读者自己证明.

(3)
$$L[f'] = \int_0^\infty f'(t)e^{-pt}\,dt = f(t)e^{-pt}\Big|_0^\infty + p\int_0^\infty f(t)e^{-pt}\,dt = p\widetilde{f}(p) - f(0),$$
类似方法可以计算得
$$L[f''](p) = p^2\widetilde{f}(p) - pf(0) - f'(0).$$

(4)令$w(t) = \int_0^t f(s)\,\mathrm{d}s$, 则

$$w'(t) = f(t), \quad w(0) = 0,$$

所以$L[f] = L[w'] = pL[w](p) - w(0)$, 从而$L[w] = \widetilde{f}(p)/p$.

(5)

$$L[tf(t)] = \int_0^\infty tf(t)e^{-pt}\,\mathrm{d}t = -\frac{\mathrm{d}}{\mathrm{d}p}\int_0^\infty f(t)e^{-pt}\,\mathrm{d}t = -\widetilde{f}'(p).$$

(6)令$h(t) = f(t)/t$, 则$f(t) = th(t)$, 由性质(5)知, $\widetilde{f}(p) = -\widetilde{h}'(p)$, 又因为$\widetilde{h}(\infty) = 0$, 所以

$$\widetilde{h}(p) = \int_p^\infty \widetilde{f}(s)\,\mathrm{d}s.$$

(7) 易知当$s \in (-\infty, 0)$时, $g(s) = 0$, 而$t < 0$, $s \geq 0$时, $f(t-s) = 0$, 所以

$$t < 0, \quad f * g(t) = 0;$$

当$t > 0$, $s \in (t, +\infty)$时, $f(t-s) = 0$, 所以

$$t > 0, \quad f * g(t) = \int_0^t f(t-s)g(s)\,\mathrm{d}s.$$

因为$f, g \in E$, 容易验证$f * g \in E$.

$$L[f * g] = \int_0^\infty \int_0^t f(t-s)g(s)\,\mathrm{d}s\, e^{-pt}\,\mathrm{d}t = \int_0^\infty \int_0^t f(t-s)g(s)e^{-p(t-s)}e^{-ps}\,\mathrm{d}s\mathrm{d}t$$

换元$\tau = t - s$, $s = s$, 则

$$L[f * g] = \int_0^\infty \int_0^\infty f(\tau)e^{-p\tau}g(s)e^{-ps}\,\mathrm{d}\tau\mathrm{d}s = L[f]\,L[g].$$

$\square$

注 3.4   由(3.4.1)和定理3.5得如下初值公式

$$f(0) = \lim_{p \to \infty} p\widetilde{f}(p). \tag{3.4.2}$$

另外

$$f(\infty) - f(0) = \lim_{p \to 0}\int_0^\infty f'(t)e^{-pt}\,\mathrm{d}t = \lim_{p \to 0} p\widetilde{f}(p) - f(0),$$

所以有如下终值公式

$$f(\infty) = \lim_{p \to 0} p\widetilde{f}(p). \tag{3.4.3}$$

例 3.18   计算$L[\frac{\sin t}{t}]$和$L[\int_0^t \frac{\sin s}{s}\,\mathrm{d}s]$.

解   利用$L[\sin t]$的结果和除t性质得

$$L[\frac{\sin t}{t}] = \int_p^\infty \frac{1}{1+s^2}\,\mathrm{d}s = \arctan s\Big|_p^\infty = \frac{\pi}{2} - \arctan p = \arctan \frac{1}{p}.$$

$$L[\int_0^t \frac{\sin s}{s}\,\mathrm{d}s] = \frac{1}{p}\arctan \frac{1}{p}.$$

$\square$

3.4.3　拉普拉斯逆变换与反演公式

设 $f \in E$, $|f(t)| \le Ce^{at}$，取 $b > a$，令 $g(t) = e^{-bt}f(t)$，则 $g \in L^1[0, +\infty)$，故

$$\widehat{g}(\omega) = \int_0^\infty e^{-bt} f(t) e^{-i\omega t}\, \mathrm{d}t = \widetilde{f}(b + i\omega).$$

假设 $f \in PS[0, +\infty)$，由傅立叶反演定理知

$$\frac{1}{2}\big[f(t^-) + f(t^+)\big] e^{-bt} = \frac{1}{2\pi}\int_{-\infty}^\infty \widehat{g}(\omega) e^{i\omega t}\, \mathrm{d}\omega = \frac{1}{2\pi}\int_{-\infty}^\infty \widetilde{f}(b + i\omega) e^{i\omega t}\, \mathrm{d}\omega.$$

令 $p = b + i\omega$, $\mathrm{d}p = i\mathrm{d}\omega$，则

$$\frac{1}{2}\big[f(t^-) + f(t^+)\big] e^{-bt} = \frac{1}{2\pi i}\int_{b-i\infty}^{b+i\infty} \widetilde{f}(p) e^{(p-b)t}\, \mathrm{d}p,$$

所以

$$\frac{1}{2}\big[f(t^-) + f(t^+)\big] = \frac{1}{2\pi i}\int_{b-i\infty}^{b+i\infty} \widetilde{f}(p) e^{pt}\, \mathrm{d}p. \tag{3.4.4}$$

综上所述，得如下拉普拉斯反演定理.

定理 3.7　设 $f \in E$, $|f(t)| \le Ce^{at}$, $f \in PS[0, +\infty)$, $b > a$，则

$$\frac{1}{2}\big[f(t^-) + f(t^+)\big] = \frac{1}{2\pi i}\int_{b-i\infty}^{b+i\infty} \widetilde{f}(p) e^{pt}\, \mathrm{d}p. \tag{3.4.5}$$

等式(3.4.5)的右端即为函数 $\widetilde{f}(p)$ 的拉普拉斯逆变换 $L^{-1}[\widetilde{f}(p)](t)$，用定义来计算一个函数的拉普拉斯逆变换，需要计算一个比较复杂的复积分. 在特殊情况下可以用留数定理计算出该复积分，一般情况下可以用数值方法计算复积分得到近似的数值结果. 在本课程中，只需要掌握用正变换的结果和拉普拉斯变换的性质来求逆变换，见下面的例子.

例 3.19　计算下列函数的拉普拉斯逆变换：

(1) $L^{-1}\big[\frac{\omega}{(p+\lambda)^2 + \omega^2}\big]$;

(2) $L^{-1}\big[\frac{1}{p(p+b)}\big]$, 　　$L^{-1}\big[\frac{e^{-ap}}{p(p+b)}\big]$;

(3) $L^{-1}\big[\frac{1}{\sqrt{p}}\big]$, 　　$L^{-1}\big[\frac{e^{-ap}}{\sqrt{p}}\big]$.

解　(1)

$$L^{-1}\big[\frac{\omega}{(p+\lambda)^2 + \omega^2}\big] = e^{-\lambda t}\sin\omega t.$$

(2)

$$L^{-1}\big[\frac{1}{p(p+b)}\big] = \frac{1}{b}L^{-1}\big[\frac{1}{p} - \frac{1}{p+b}\big] = \frac{1}{b}[1 - e^{-bt}],$$

$$L^{-1}\big[\frac{e^{-ap}}{p(p+b)}\big] = \frac{H(t-a)}{b}\big[1 - e^{-b(t-a)}\big].$$

(3)

$$L\big[\frac{1}{\sqrt{t}}\big] = \frac{\Gamma(1/2)}{\sqrt{p}} = \sqrt{\frac{\pi}{p}}$$

$$\Rightarrow\quad L^{-1}[\frac{1}{\sqrt{p}}] = \frac{1}{\sqrt{\pi t}}, \quad L^{-1}[\frac{e^{-ap}}{\sqrt{p}}] = \frac{H(t-a)}{\sqrt{\pi(t-a)}}.$$

□

例 3.20　设

$$h(t) = \frac{1}{\sqrt{\pi t}} e^{-\frac{a^2}{4t}}, \quad a > 0,$$

证明

$$h(t) = \frac{1}{\pi} \int_{-\infty}^{\infty} e^{-x^2 t} e^{-iax} \, \mathrm{d}x,$$

利用此等式计算$\widetilde{h}(p)$，并求

$$L^{-1}[e^{-a\sqrt{p}}], \qquad L^{-1}[\frac{1}{p} e^{-a\sqrt{p}}].$$

解　利用Gauss函数的傅立叶变换得

$$F[e^{-tx^2}](a) = \int_{-\infty}^{\infty} e^{-tx^2} e^{-iax} \, \mathrm{d}x = \sqrt{\frac{\pi}{t}} e^{-\frac{a^2}{4t}},$$

所以

$$h(t) = \frac{1}{\pi} \int_{-\infty}^{\infty} e^{-x^2 t} e^{-iax} \, \mathrm{d}x.$$

再利用留数定理计算$h(t)$的拉普拉斯变换，

$$\widetilde{h}(p) = \frac{1}{\pi} \int_0^{\infty} \Big[\int_{-\infty}^{\infty} e^{-x^2 t} e^{-iax} \, \mathrm{d}x \Big] e^{-pt} \, \mathrm{d}t = \frac{1}{\pi} \int_{-\infty}^{\infty} e^{-iax} \, \mathrm{d}x \int_0^{\infty} e^{-(p+x^2)t} \, \mathrm{d}t$$

$$= \frac{1}{\pi} \int_{-\infty}^{\infty} \frac{e^{-iax}}{x^2 + p} \, \mathrm{d}x = \frac{1}{\pi} \int_{-\infty}^{\infty} \frac{e^{iax}}{x^2 + p} \, \mathrm{d}x = \frac{1}{\pi} \cdot 2\pi i \lim_{z \to i\sqrt{p}} \frac{e^{iaz}}{z + i\sqrt{p}} = \frac{1}{\sqrt{p}} e^{-a\sqrt{p}}.$$

于是

$$L^{-1}[e^{-a\sqrt{p}}] = L^{-1}[-\frac{\mathrm{d}}{\mathrm{d}a}\Big(\frac{1}{\sqrt{p}} e^{-a\sqrt{p}}\Big)]$$

$$= L^{-1}[-\frac{\mathrm{d}}{\mathrm{d}a}\widetilde{h}(p)] = -\frac{\mathrm{d}}{\mathrm{d}a} h(t) = \frac{a}{2\sqrt{\pi} t^{3/2}} e^{-\frac{a^2}{4t}},$$

从而由拉普拉斯变换的积分性质知

$$L^{-1}[\frac{1}{p} e^{-a\sqrt{p}}] = \int_0^t \frac{a}{2\sqrt{\pi} s^{3/2}} e^{-\frac{a^2}{4s}} \, \mathrm{d}s = \frac{2}{\sqrt{\pi}} \int_{\frac{a}{2\sqrt{t}}}^{\infty} e^{-\tau^2} \, \mathrm{d}\tau = \mathrm{erfc}\Big(\frac{a}{2\sqrt{t}}\Big),$$

其中$\mathrm{erfc}(x) = \dfrac{2}{\sqrt{\pi}} \displaystyle\int_x^{\infty} e^{-s^2} \, \mathrm{d}s$称为余误差函数.

□

3.4.4　拉普拉斯变换的应用

例 3.21　设λ是常数，求解一阶ODE的初值问题

$$\begin{cases} y' + \lambda y = f(t), & t > 0, \quad \lambda \text{ 是常数}, \\ y(0) = y_0. \end{cases}$$

解　方程两边对 t 做拉普拉斯变换得

$$p\widetilde{y} - y_0 + \lambda\widetilde{y} = \widetilde{f},$$

解得

$$\widetilde{y}(p) = \frac{y_0 + \widetilde{f}}{p + \lambda},$$

求拉普拉斯逆变换得

$$y(t) = y_0 e^{-\lambda t} + f(t) * e^{-\lambda t},$$

即

$$y(t) = y_0 e^{-\lambda t} + \int_0^t f(s) e^{-\lambda(t-s)}\, \mathrm{d}s.$$

□

例 3.22　求解 ODE 的两点边值问题

$$\begin{cases} y'' - 2y' + y = 0, & 0 < t < 1, \\ y(0) = 0, \quad y(1) = 2. \end{cases}$$

解　方程两边对 t 做拉普拉斯变换得

$$p^2\widetilde{y} - y'(0) - 2p\widetilde{y} + \widetilde{y} = 0,$$

解得

$$\widetilde{y}(p) = \frac{y'(0)}{(p-1)^2},$$

求拉普拉斯逆变换得

$$y(t) = y'(0)te^t, \quad y(1) = 2 \ \Rightarrow\ y'(0) = 2/e \ \Rightarrow\ y(t) = 2te^{t-1}.$$

□

例 3.23　求解 ODE 初值问题

$$\begin{cases} y'' + \omega^2 y = f(t), & t > 0, \quad \omega \text{ 是常数}, \\ y(0) = y'(0) = 0. \end{cases}$$

解　方程两边对 t 做拉普拉斯变换得

$$p^2\widetilde{y} + \omega^2\widetilde{y} = \widetilde{f}(p),$$

解得

$$\widetilde{y}(p) = \frac{\widetilde{f}(p)}{p^2 + \omega^2},$$

所以

$$y(t) = L^{-1}\Big[\frac{1}{p^2 + \omega^2}\Big] * f(t) = \frac{\sin \omega t}{\omega} * f(t) = \int_0^t \frac{\sin \omega(t-s)}{\omega} f(s)\, \mathrm{d}s.$$

□

例 3.24　求解 ODE 初值问题

$$\begin{cases} y'' + 9y = 3\delta(t-\pi), & t > 0, \\ y(0) = 1, & y'(0) = 0. \end{cases}$$

解　计算得

$$L[\delta(t)](p) = 1, \quad L[\delta(t-\pi)](p) = e^{-\pi p},$$

因而方程两边对 t 做拉普拉斯变换得

$$p^2\widetilde{y} - p + 9\widetilde{y} = 3e^{-\pi p},$$

解得

$$\widetilde{y}(p) = \frac{p}{p^2+9} + \frac{3}{p^2+9}e^{-\pi p},$$

所以

$$y(t) = \cos 3t + H(t-\pi)\sin 3(t-\pi).$$

□

例 3.25　设 λ 是常数，求解下面的积分方程

$$y(t) + \lambda \int_0^t e^{-(t-s)}y(s)\,\mathrm{d}s = f(t), \quad \lambda \text{ 是常数}.$$

解　方程两边对 t 做拉普拉斯变换得

$$\widetilde{y}(p) + \lambda \frac{\widetilde{y}(p)}{p+1} = \widetilde{f}(p),$$

解得

$$\widetilde{y}(p) = \frac{p+1}{p+\lambda+1}\widetilde{f}(p) = \widetilde{f}(p) - \frac{\lambda}{p+\lambda+1}\widetilde{f}(p),$$

所以

$$y(t) = f(t) - \lambda \int_0^t e^{-(\lambda+1)(t-s)}f(s)\,\mathrm{d}s.$$

□

例 3.26　利用拉普拉斯变换求解半无界波方程初边值问题

$$\begin{cases} u_{tt} = a^2 u_{xx}, & 0 < x < +\infty, \ t > 0, \\ u(0,t) = f(t), \ u(+\infty,t) = 0, & t \geq 0, \\ u(x,0) = u_t(x,0) = 0, & 0 \leq x < +\infty. \end{cases} \tag{3.4.6}$$

解　方程及边界条件两边对 t 做拉普拉斯变换得

$$p^2\widetilde{u}(x,p) = a^2\widetilde{u}_{xx}, \quad \widetilde{u}(0,p) = \widetilde{f}(p), \quad \widetilde{u}(+\infty,p) = 0,$$

解得

$$\widetilde{u}(x,p) = \widetilde{f}(p)e^{-\frac{x}{a}p} \ \Rightarrow \ u(x,t) = H\left(t-\frac{x}{a}\right)f\left(t-\frac{x}{a}\right).$$

□

例 3.27   利用拉普拉斯变换求解半无界热方程初边值问题

$$\begin{cases} u_t = a^2 u_{xx}, & 0 < x < +\infty, \ t > 0, \\ u(0,t) = f(t), \quad u(+\infty,t) = 0, & t \geq 0, \\ u(x,0) = 0, & 0 \leq x < +\infty. \end{cases} \tag{3.4.7}$$

解   方程及边界条件两边对 t 做拉普拉斯变换得

$$p\widetilde{u}(x,p) = a^2 \widetilde{u}_{xx}, \quad \widetilde{u}(0,p) = \widetilde{f}(p), \quad \widetilde{u}(+\infty,p) = 0,$$

解得

$$\widetilde{u}(x,p) = \widetilde{f}(p)\, e^{-\frac{x}{a}\sqrt{p}},$$

利用例 3.20 的结果得

$$L^{-1}\big[e^{-\frac{x}{a}\sqrt{p}}\big] = \frac{x}{2a\sqrt{\pi}\,t^{3/2}} e^{-\frac{x^2}{4a^2 t}},$$

所以

$$u(x,t) = \frac{x}{2a\sqrt{\pi}\,t^{3/2}} e^{-\frac{x^2}{4a^2 t}} * f(t) = \int_0^t \frac{x}{2a\sqrt{\pi}(t-s)^{3/2}} e^{-\frac{x^2}{4a^2(t-s)}} f(s)\,\mathrm{d}s.$$

$\square$

例 3.28   利用拉普拉斯变换求解波动方程初边值问题

$$\begin{cases} u_{tt} - u_{xx} = k\sin\pi x, & 0 < x < 1, \ t > 0, \\ u(0,t) = u(1,t) = 0, & t \geq 0, \\ u(x,0) = 0, \quad u_t(x,0) = 0, & 0 \leq x \leq 1. \end{cases} \tag{3.4.8}$$

解   等式两边对 t 做拉普拉斯变换得

$$p^2\widetilde{u}(x,p) - \widetilde{u}_{xx}(x,p) = \frac{k}{p}\sin\pi x, \ 0 < x < 1,$$

$$\widetilde{u}(0,p) = \widetilde{u}(1,p) = 0,$$

这是一个关于 x 的二阶常微分方程两点边值问题，注意到方程右端的函数 $\sin\pi x$ 是算子 $\dfrac{\mathrm{d}^2}{\mathrm{d}x^2}$ 的满足齐次 Dirichlet 边界条件的一个特征函数，所以该方程解的形式为

$$\widetilde{u}(x,p) = C(p)\sin\pi x,$$

代入方程解出系数 $C(p)$ 得

$$\widetilde{u}(x,p) = \frac{k}{p(p^2+\pi^2)}\sin\pi x = \frac{k}{\pi^2}\Big(\frac{1}{p} - \frac{p}{p^2+\pi^2}\Big)\sin\pi x,$$

求拉普拉斯逆变换得

$$u(x,t) = \frac{k}{\pi^2}(1 - \cos\pi t)\sin\pi x.$$

请读者思考，如果将问题 (3.4.8) 方程中的非奇次项 $k\sin\pi x$ 换成一般的函数 $f(x)$，那么该如何处理？

$\square$

习题三

1. 计算下列函数的傅立叶变换:

(1) $f(x) = \sin x, \quad |x| \le \pi, \quad f(x) = 0, \quad |x| > \pi;$

(2) $f(x) = e^{-2x^2 + 2x};$

(3) $f(x) = xe^{-3|x|};$

(4) $f(x) = \frac{x}{2+x^2}.$

2. 验证

$$\int_0^\infty \sin \omega ct \sin \omega r \, d\omega = \frac{\pi}{2}[\delta(ct-r) - \delta(ct+r)].$$

3*. (香农采样定理) 设 $f \in C(\mathbb{R})$，当 $|\omega| > \pi$ 时，$\widehat{f}(\omega) = 0$. 证明:

$$f(x) = \sum_{-\infty}^\infty f(n) \frac{\sin \pi(x-n)}{\pi(x-n)}.$$

4. 利用傅立叶变换求解下列问题:

(1)

$$\begin{cases} u_t + 2u_x = 0, & x \in \mathbb{R}, \, t > 0, \\ u(x,0) = g(x), & x \in \mathbb{R}. \end{cases}$$

(2)

$$-u''(x) + a^2 u(x) = \delta(x), \quad x \in \mathbb{R}.$$

5. 利用傅立叶变换求解热方程初值问题

$$\begin{cases} u_t - ku_{xx} + bu_x + cu = f(x,t), & x \in \mathbb{R}, \, t > 0, \\ u(x,0) = \varphi(x), & x \in \mathbb{R}. \end{cases}$$

6. 利用傅立叶变换求解薛定谔方程初值问题

$$\begin{cases} iu_t + \frac{1}{2}u_{xx} = 0, & x \in \mathbb{R}, \, t > 0, \\ u(x,0) = \varphi(x), & x \in \mathbb{R}. \end{cases}$$

7. 已知

$$F\left[\frac{\sinh ax}{\sinh \pi x}\right] = \frac{\sin a}{\cosh \omega + \cos a}, \quad 0 < a < \pi,$$

利用傅立叶变换求解拉普拉斯方程边值问题

$$\begin{cases} u_{xx} + u_{yy} = 0, & -\infty < x < \infty, \, 0 < y < 1, \\ u(x,0) = 0, \quad u(x,1) = f(x), & -\infty < x < \infty. \end{cases}$$

8. 已知

$$F[\frac{1}{2}J_0(m\sqrt{1-x^2})H(1-x^2)] = \frac{\sin\sqrt{m^2+\omega^2}}{\sqrt{m^2+\omega^2}},$$

其中$J_0(x)$是第一类0阶Bessel函数. 试利用傅立叶变换求解一维Klein-Gordon方程的基本解

$$\begin{cases} u_{tt} - a^2 u_{xx} + m^2 u = 0, & x \in \mathbb{R}, \ t > 0, \\ u(x,0) = 0, \quad u_t(x,0) = \delta(x), & x \in \mathbb{R}, \end{cases}$$

其中a, m是正常数.

9. 利用傅立叶变换求解半无界波动方程初边值问题

$$\begin{cases} u_{tt} = a^2 u_{xx}, & x > 0, \ t > 0, \\ u_x(0,t) = 0, & t \geq 0, \\ u(x,0) = \sin x, \quad u_t(x,0) = 1 - \cos x, & x \geq 0. \end{cases}$$

10. (1) 利用傅立叶变换求解半无界热方程，要求给出解的表达式.

$$\begin{cases} u_t = k u_{xx}, & x > 0, \ t > 0, \\ u(0,t) = 0, & t \geq 0, \\ u(x,0) = g(x), & x \geq 0, \ g(0) = 0. \end{cases}$$

(2) 如果将问题中的边界条件改为Neumann条件$u_x(0,t) = 0$，应该如何处理?

(3)* 如果将边界条件改为Robin条件$u_x(0,t) + \sigma u(0,t) = 0$，应该如何处理?

11. 利用傅立叶变换求解含卷积的积分方程

$$\int_{-\infty}^{\infty} \frac{f(y)}{(x-y)^2 + a^2} \, dy = \frac{1}{x^2 + b^2}, \quad 0 < a < b.$$

12. 利用傅立叶变换求三维方程的有界解

$$-\Delta u + m^2 u = \delta(x), \quad x \in \mathbb{R}^3, \ m > 0.$$

13. 求解非齐次三维波方程的初值问题

$$\begin{cases} u_{tt} - a^2 \Delta u = \delta(x) f(t), & x \in \mathbb{R}^3, \ t > 0, \\ u(x,0) = 0, \quad u_t(x,0) = 0, & x \in \mathbb{R}^3. \end{cases}$$

14. 求下列函数的拉普拉斯变换:

(1) $\sinh \omega t$ (2) $\cosh \omega t$ (3) $\delta(t-2)$ (4) $t \sin \omega t$ (5) $\frac{1 - e^{-\omega t}}{t}$.

15. 求下列函数的拉普拉斯逆变换:

(1) $\frac{1}{p(p^2+1)}$ (2) $\frac{2p+3}{p^2+9}$ (3) $\frac{p+3}{(p+1)(p-3)}$ (4) $\frac{p}{(p^2+4)^2}$ (5) $\frac{e^{-2p}}{(p+3)^3}$.

16. 利用拉普拉斯变换求解ODE初值问题

$$\begin{cases} y'' + 4y' + 3y = e^{-t}, & t > 0, \\ y(0) = y'(0) = 1. \end{cases}$$

17. 利用拉普拉斯变换求解ODE初值问题

$$\begin{cases} y'' + 2y' + 2y = 0, & t > 0, \\ y(0) = 0, \quad y'(0) = 1. \end{cases}$$

18. 利用拉普拉斯变换求解ODE初值问题

$$\begin{cases} y'' + y = -\delta(t - \pi) + \delta(t - 2\pi), & t > 0, \\ y(0) = 0, \quad y'(0) = 1. \end{cases}$$

19. 利用拉普拉斯变换求解ODE初值问题

$$\begin{cases} y^{(4)} - y = t, & t > 0, \\ y(0) = y'(0) = y''(0) = y'''(0) = 0. \end{cases}$$

20. 利用拉普拉斯变换求解积分方程

$$y(t) + 2a \int_0^t y(t - s) \cos as \, ds = \sin at, \quad a > 0.$$

21. 利用拉普拉斯变换求解半无界运输方程初边值问题

$$\begin{cases} u_t + x u_x = x, & x > 0, \ t > 0, \\ u(x, 0) = 0, & x \geq 0, \\ u(0, t) = 0, & t \geq 0. \end{cases}$$

22. 利用拉普拉斯变换求解半无界热方程初边值问题

$$\begin{cases} u_t = k u_{xx} - au, & x > 0, \ t > 0, \ 常数 a > 0, \\ u(0, t) = f(t), \quad u(+\infty, t) = 0, & t \geq 0, \ f(0) = 0, \\ u(x, 0) = 0, & x \geq 0. \end{cases}$$

23. 利用拉普拉斯变换求解波动方程初边值问题

$$\begin{cases} u_{tt} - a^2 u_{xx} = \cos \omega t \sin \pi x, & 0 < x < 1, t > 0, \\ u(0, t) = u(1, t) = 0, & t \geq 0, \\ u(x, 0) = 0, \quad u_t(x, 0) = 0, & 0 \leq x \leq 1, \end{cases}$$

其中$\omega > 0$，注意$\omega = a\pi$的情况.

24. 利用拉普拉斯变换求解热方程初边值问题

$$\begin{cases} u_t - k u_{xx} = 0, & 0 < x < l, \ t > 0, \\ u_x(0, t) = u_x(l, t) = 0, & t \geq 0, \\ u(x, 0) = 1 + \cos 2\pi x / l, & 0 \leq x \leq l. \end{cases}$$

请思考如果将初值条件改为一般情况 $u(x, 0) = \varphi(x)$，应该如何处理?

25. 对于热方程初值问题(3.2.1)，试用特征函数展开法的求解框架来理解傅立叶变换方法，比较两种方法的异同之处和适用范围.

第 4 章　波动方程初值问题

在前面的积分变换方法中，我们已经学习了波动方程初值问题的求解方法，本章将介绍求解波动方程初值问题的其他几种重要方法，读者学习时可以比较各种方法的思想和适用范围. 本章所用的方法和第一章中特征线法都属于微积分方法，只是计算更加复杂一些.

4.1　一维波动方程初值问题之行波法

考虑一维波动方程初值问题
$$\begin{cases} u_{tt} - a^2 u_{xx} = 0, & x \in \mathbb{R},\, t > 0, \\ u(x,0) = \varphi(x),\ u_t(x,0) = \psi(x), & x \in \mathbb{R}. \end{cases} \tag{4.1.1}$$
分析：将方程写为算子形式并做分解得
$$(\partial_t^2 - a^2 \partial_x^2)u = (\partial_t - a\partial_x)(\partial_t + a\partial_x)u = 0,$$
引入新的变量 (ξ, η)，使得
$$\partial_\xi = \partial_t - a\partial_x, \quad \partial_\eta = \partial_t + a\partial_x,$$
上式即复合函数 $u(x(\xi, \eta), y(\xi, \eta))$ 对变量 (ξ, η) 求偏导数的链式法则，解之得
$$x = -a\xi + a\eta, \quad t = \xi + \eta,$$
所以
$$-2a\xi = x - at, \quad 2a\eta = x + at,$$
此时方程化为
$$u_{\xi\eta} = 0,$$
该方程的通解为
$$u = f(\xi) + g(\eta),$$
其中 f, g 为任意二阶可微函数，所以原方程的通解为
$$u(x,t) = f(-\frac{1}{2a}(x - at)) + g(\frac{1}{2a}(x + at)).$$
一般为了表示方便，直接取
$$\xi' = x - at, \quad \eta' = x + at,$$
此时方程化为
$$-4a^2 u_{\xi'\eta'} = 0,$$

通解可写为

$$u(x,t) = f(x - at) + g(x + at).$$

现在将初值条件代入得

$$f(x) + g(x) = \varphi(x), \quad -af'(x) + ag'(x) = \psi(x),$$

解之得

$$f(x) = \frac{1}{2}\varphi(x) - \frac{1}{2a}\int_{x_0}^{x}\psi(y)\,\mathrm{d}y + C, \quad g(x) = \frac{1}{2}\varphi(x) + \frac{1}{2a}\int_{x_0}^{x}\psi(y)\,\mathrm{d}y - C,$$

代入通解得到特解为

$$u(x,t) = \frac{1}{2}[\varphi(x+at) + \varphi(x-at)] + \frac{1}{2a}\int_{x-at}^{x+at}\psi(y)\,\mathrm{d}y, \tag{4.1.2}$$

此即为达朗贝尔公式.

上述求解过程中，$f(x - at)$ 在物理上表示一个传播速度为 a 的右行波，而 $g(x + at)$ 在物理上表示一个传播速度为 a 的左行波，因而上面的方法在物理上称为行波法. 用数学的观点来看，变换 $\xi' = x - at$, $\eta' = x + at$ 很关键，称为特征变换，我们将直线族 $x \pm at = C$ 称为波动方程的特征线，因而行波法在数学上也称为特征线法. 特征线法可以推广到两个变量的双曲型方程. 考虑如下的方程

$$a_{11}u_{xx} + 2a_{12}u_{xy} + a_{22}u_{yy} + a_1 u_x + a_2 u_y + a_0 u = f(x,y), \quad a_{12}^2 - a_{11}a_{22} > 0.$$

利用该方程的二阶主项系数构造一个常微分方程

$$a_{11}(\mathrm{d}y)^2 - 2a_{12}\mathrm{d}x\mathrm{d}y + a_{22}(\mathrm{d}x)^2 = 0,$$

称之为该双曲型方程对应的特征方程，特征方程的解曲线

$$\phi_1(x,y) = C_1, \quad \phi_2(x,y) = C_2$$

称为该双曲型方程的特征线，而对应的变换

$$\xi = \phi_1(x,y), \quad \eta = \phi_2(x,y)$$

称为特征变换. 请读者自己分析特征方程解出的特征变换与算子因式分解得出的变换是一致的，具体过程可以参考附录D. 在特征变换下，我们就可以去尝试求出该双曲型方程的通解，具体过程参考下面的例子.

例 4.1   用特征线法求解双曲型方程

$$\begin{cases} u_{xx} + 2u_{xy} - 3u_{yy} = 0, & x \in \mathbb{R},\ y > 0, \\ u(x,0) = 3x^2,\ u_y(x,0) = 0, & x \in \mathbb{R}. \end{cases}$$

解   该PDE对应的特征方程为

$$(\mathrm{d}y)^2 - 2\mathrm{d}x\mathrm{d}y - 3(\mathrm{d}x)^2 = 0,$$

解得两条特征线为

$$3x - y = C_1, \quad x + y = C_2.$$

做变换

$$\xi = 3x - y, \quad \eta = x + y,$$

则原方程化为 $u_{\xi\eta} = 0$，它的通解为 $u = f(\xi) + g(\eta)$，代入得原方程的通解为

$$u(x,y) = f(3x - y) + g(x + y).$$

利用定解条件得

$$f(3x) + g(x) = 3x^2, \quad -f'(3x) + g'(x) = 0,$$

解得

$$f(x) = \frac{1}{4}x^2 - C, \quad g(x) = \frac{3}{4}x^2 + C,$$

将其代入通解得出特解为

$$u(x,y) = \frac{1}{4}(3x - y)^2 + \frac{3}{4}(x + y)^2 = 3x^2 + y^2.$$

$\hfill\square$

用行波法也可以求解半无界波动方程.

例 4.2　求解半无界初边值问题

$$\begin{cases} u_{tt} - a^2 u_{xx} = 0, & x > 0, \ t > 0, \\ u(0,t) = h(t), & t \geq 0, \ h(0) = 0, \\ u(x,0) = 0, \ u_t(x,0) = 0, & x \geq 0. \end{cases}$$

解　用行波法得到方程的通解为

$$u(x,t) = f(x - at) + g(x + at).$$

由边值条件得

$$t \geq 0, \quad f(-at) + g(at) = h(t),$$

由初值条件得

$$x \geq 0, \quad f(x) + g(x) = 0, \quad -af'(x) + ag'(x) = 0.$$

解得

$$f(x) = h(-x/a) + C, \ x \leq 0, \quad f(x) = C, \ x > 0, \quad g(x) = -C, \ x > 0,$$

其中 C 是一个常数. 代入即得问题的解为

$$u(x,t) = 0, \ x > at, \quad u(x,t) = h(t - x/a), \ 0 < x \leq at.$$

请读者结合一维波动方程的特征线和边界条件分析该解的物理意义. $\hfill\square$

现在我们利用达朗贝尔公式去分析一维波的传播特点.

$$u(x,t) = \frac{1}{2}[\varphi(x + at) + \varphi(x - at)] + \frac{1}{2a}\int_{x-at}^{x+at} \psi(y)\,\mathrm{d}y,$$

由公式知解包括两个部分，分别由初始速度和初始位置所决定. 容易看到解在点 (x,t) 的值 $u(x,t)$ 依赖于初值 φ, ψ 在区间 $[x - at, x + at]$ 的值，于是我们将区间 $[x - at, x + at]$ 称为解在点 (x,t) 的依赖区间. 在 x 轴上任意选取一个区间 $[x_1, x_2]$，过点 $(x_1, 0)$ 和 $(x_2, 0)$ 分别作特征线 $x - at = x_1$ 和 $x + at = x_2$，构成一个三角形区域 D. 可以看到初值 φ, ψ 在区间 $[x_1, x_2]$ 的值可以确定区域 D 内任意一点 u 的值，所以称区域 D 是初值在

区间$[x_1, x_2]$对应的决定区域. 再过点$(x_1, 0)$和$(x_2, 0)$分别作特征线$x + at = x_1$和$x - at = x_2$，构成一个无界区域

$$\Omega: \quad x_1 - at \leq x \leq x_2 + at, \quad t > 0.$$

可以看到初值φ, ψ在区间$[x_1, x_2]$的值可以影响区域Ω内任意一点u的值，所以将区域Ω称为初值在区间$[x_1, x_2]$对应的影响区域. 决定区域，影响区域参见下图.

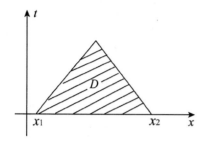
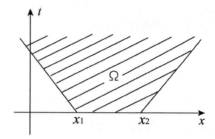

利用达朗贝尔公式和齐次化原理可以求解非齐次一维波动方程初值问题，

$$\begin{cases} u_{tt} - a^2 u_{xx} = f(x,t), & x \in \mathbb{R}, \, t > 0, \\ u(x,0) = \varphi(x), \, u_t(x,0) = \psi(x), & x \in \mathbb{R}. \end{cases} \tag{4.1.3}$$

该问题的解为

$$u(x,t) = \frac{1}{2}[\varphi(x+at) + \varphi(x-at)] + \frac{1}{2a}\int_{x-at}^{x+at} \psi(y)\,\mathrm{d}y + \frac{1}{2a}\int_0^t \int_{x-a(t-s)}^{x+a(t-s)} f(y,s)\,\mathrm{d}y\mathrm{d}s,$$

$$\tag{4.1.4}$$

我们称之为推广的达朗贝尔公式，可以用该公式来分析非齐次项(外力)对解的影响，具体过程留给读者.

4.2　三维波动方程初值问题之球面平均法

上一章中，我们利用傅立叶变换方法得到了三维波动方程初值问题解的表达式(泊松公式)，现在我们再介绍一种方法，即球面平均法. 考虑如下初值问题

$$\begin{cases} u_{tt} - a^2 \Delta u = 0, & x \in \mathbb{R}^3, \, t > 0, \\ u(x,0) = 0, \, u_t(x,0) = \psi(x), & x \in \mathbb{R}^3. \end{cases} \tag{4.2.1}$$

定义解$u(x,t)$在球面$\partial B_r(0) := \{x| \, |x| = r\}$上的球面平均值

$$\bar{u}(r,t) = \frac{1}{4\pi r^2} \iint_{|x|=r} u(x,t)\,\mathrm{d}S = \frac{1}{4\pi}\int_0^{2\pi}\int_0^{\pi} u(x,t)\sin\theta\,\mathrm{d}\theta\mathrm{d}\varphi,$$

类似定义初始速度$\psi(x)$的球面平均值

$$\overline{\psi}(r) = \frac{1}{4\pi r^2} \iint_{|x|=r} \psi(x)\,\mathrm{d}S.$$

在球坐标下

$$\Delta u = u_{rr} + \frac{2}{r}u_r + \frac{1}{r^2}\Big[\frac{1}{\sin^2\theta}u_{\varphi\varphi} + \frac{1}{\sin\theta}(\sin\theta \cdot u_\theta)_\theta\Big],$$

首先我们注意到 Δu 中坐标变量 φ, θ 的那部分在球面 $|x| = r$ 上的积分为零，验算如下

$$\int_{|x|=r} \frac{1}{r^2}\Big[\frac{1}{\sin^2\theta}u_{\varphi\varphi} + \frac{1}{\sin\theta}(\sin\theta \cdot u_\theta)_\theta\Big]\mathrm{d}S$$

$$= \int_0^{2\pi}\int_0^\pi \Big[\frac{1}{\sin\theta}u_{\varphi\varphi} + (\sin\theta \cdot u_\theta)_\theta\Big]\mathrm{d}\varphi\mathrm{d}\theta$$

$$= \int_0^\pi \frac{1}{\sin\theta}u_\varphi\Big|_0^{2\pi}\mathrm{d}\theta + \int_0^{2\pi}(\sin\theta \cdot u_\theta)\Big|_0^\pi\mathrm{d}\varphi = 0.$$

另外我们注意到，在球面 $|x| = r$ 上求球面平均是对变量 φ, θ 的积分，根据含参数积分函数的求导法则，计算得

$$\overline{\Delta u} = \overline{u_{rr} + \frac{2}{r}u_r} = \overline{u}_{rr} + \frac{2}{r}\overline{u}_r = \Delta\overline{u},$$

其中横线表示对横线下的函数在球面 $|x| = r$ 上求球面平均值. 现在我们将方程两边在球面 $|x| = r$ 上求球面平均得

$$\overline{u}_{tt} = \overline{u_{tt}} = a^2\overline{\Delta u} = a^2(\overline{u}_{rr} + \frac{2}{r}\overline{u}_r), \quad r = |x| > 0,$$

关于初值计算得

$$\overline{u}(r,0) = 0, \quad \overline{u}_t(r,0) = \overline{\psi}(r).$$

令 $v(r,t) = r\overline{u}(r,t)$，则

$$\begin{cases} v_{tt} = a^2 v_{rr}, & r > 0, \ t > 0, \\ v(0,t) = 0, & t \geq 0, \\ v(r,0) = 0, \quad v_t(r,0) = r\overline{\psi}(r), & r \geq 0. \end{cases} \tag{4.2.2}$$

利用例 3.10 的结果知

$$u(0,t) = \lim_{r\to 0+}\overline{u}(r,t) = \lim_{r\to 0+}\frac{v(r,t)}{r} = \lim_{r\to 0+}\frac{1}{2ar}\int_{at-r}^{r+at}y\overline{\psi}(y)\mathrm{d}y = t\overline{\psi}(at),$$

即

$$u(0,t) = \frac{1}{4\pi a^2 t}\iint_{|y|=at}\psi(y)\mathrm{d}S.$$

如何由 $u(0,t)$ 求 $u(x,t)$ 呢？令 $w(x,t) = u(x+x_0,t)$，则

$$\begin{cases} w_{tt} - a^2\Delta w = 0, & x \in \mathbb{R}^3, \ t > 0, \\ w(x,0) = 0, \quad w_t(x,0) = \psi(x+x_0), & x \in \mathbb{R}^3. \end{cases} \tag{4.2.3}$$

所以

$$u(x_0,t) = w(0,t) = \frac{1}{4\pi a^2 t}\iint_{|y|=at}\psi(y+x_0)\mathrm{d}S,$$

再将变量 x_0 换回 x 得

$$u(x,t) = \frac{1}{4\pi a^2 t}\iint_{|y|=at}\psi(y+x)\mathrm{d}S_y = \frac{1}{4\pi a^2 t}\iint_{|y-x|=at}\psi(y)\mathrm{d}S_y.$$

现在考虑一般的三维波动方程

$$\begin{cases} u_{tt} - a^2 \Delta u = f(x,t), & x \in \mathbb{R}^3, \ t > 0, \\ u(x,0) = \varphi(x), \quad u_t(x,0) = \psi(x), & x \in \mathbb{R}^3. \end{cases} \tag{4.2.4}$$

利用斯托克斯原理(习题四第9题)和齐次化原理知，问题(4.2.4)的解为

$$u(x,t) = \partial_t \Big[\frac{1}{4\pi a^2 t} \iint_{|y-x|=at} \varphi(y)\, dS_y \Big] + \frac{1}{4\pi a^2 t} \iint_{|y-x|=at} \psi(y)\, dS_y$$

$$+ \int_0^t \iint_{|y-x|=a(t-s)} \frac{1}{4\pi a^2 (t-s)} f(y,s)\, dS_y ds, \tag{4.2.5}$$

该公式称为泊松公式或Kirchhoff公式.

利用泊松公式可以看到$u(x_0,t_0)$的值依赖于初始位置$\varphi(x)$和初始速度$\psi(x)$在球面$|x-x_0|=at_0$上的值，所以解$u(x,t)$在点(x_0,t_0)的依赖区域为三维球面

$$\{x|\ |x-x_0|=at_0\}.$$

反之，由泊松公式也可以看到φ和ψ在点x_1的值在t时刻只能影响到解在三维球面$\{x|\ |x-x_1|=at\}$上的值，所以初值在点x_1的影响区域是四维时空中的锥面

$$\{(x,t)|\ |x-x_1|=at, t>0\}.$$

考察在初始时刻某个有界区域Ω中有一个扰动所产生的三维波传播的情况. 区域Ω中任意一点M处的扰动，经过时间t后，它传到以M为球心、at为半径的球面上，因此在时刻t受到Ω中初始扰动影响的区域就是所有以Ω中的点为球心、at为半径的球面的全体. 当时间t足够大，这些球面有内外两个包络面，我们将外包络面称为前阵面，内包络面称为后阵面. 前后阵面中间的部分就是受到扰动影响的部分. 前阵面以外的部分表示扰动还未传到的区域，而后阵面以内的部分是波已经穿过并恢复原来状态的区域. 因此当初始扰动限制在空间中的某个局部区域内时，三维波的传播具有清晰的前阵面和后阵面，我们将三维波的这个传播特点称为惠更斯原理(Huygens's Principle)[2, 8, 16].

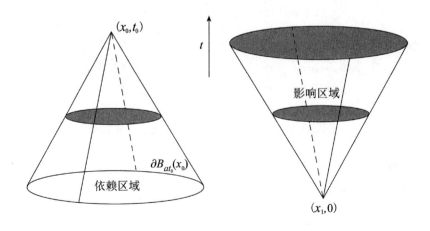

4.3　二维波动方程初值问题之降维法

现在考虑二维波动方程初值问题

$$\begin{cases} u_{tt} = a^2(u_{xx} + u_{yy}), & (x,y) \in \mathbb{R}^2,\ t > 0, \\ u(x,y,0) = 0, \quad u_t(x,y,0) = \psi(x,y), & (x,y) \in \mathbb{R}^2. \end{cases} \tag{4.3.1}$$

降维法的基本想法：将该二维波动方程当作三维波动方程，利用上面的三维波动方程的泊松公式推导二维波动方程解的表达式.

按照上面思路，将 $u(x,y,t)$ 看成三维波动方程的解，只不过该解与变量 z 无关. 设球面

$$S: (x-x_0)^2 + (y-y_0)^2 + (z-z_0)^2 = a^2 t_0^2,$$

利用泊松公式得

$$u(x_0,y_0,t_0) = \frac{1}{4\pi a^2 t_0} \iint_S \psi(x,y)\, \mathrm{d}S.$$

在球面 S 上，

$$\mathrm{d}S = \sqrt{1 + z_x^2 + z_y^2}\, \mathrm{d}x\mathrm{d}y = \frac{a t_0\, \mathrm{d}x\mathrm{d}y}{\sqrt{a^2 t_0^2 - (x-x_0)^2 - (y-y_0)^2}},$$

上半球面和下半球面在 xoy 平面上的投影区域都是区域 $D: (x-x_0)^2 + (y-y_0)^2 \le a^2 t_0^2$，于是将上面的曲面积分化为二重积分得

$$u(x_0,y_0,t_0) = \frac{1}{2\pi a} \iint_D \frac{\psi(x,y)}{\sqrt{a^2 t_0^2 - (x-x_0)^2 - (y-y_0)^2}}\, \mathrm{d}x\mathrm{d}y.$$

特别地，取 $\psi(x,y) = \delta(x,y)$，此时记解为 $W(x_0,y_0,t_0)$，可得

$$W(x_0,y_0,t_0) = \frac{1}{2\pi a} \iint_D \frac{\delta(x,y)}{\sqrt{a^2 t_0^2 - (x-x_0)^2 - (y-y_0)^2}}\, \mathrm{d}x\mathrm{d}y,$$

化简后即得，二维波动方程的基本解为

$$W(x,y,t) = \frac{1}{2\pi a} \frac{H(a^2 t^2 - x^2 - y^2)}{\sqrt{a^2 t^2 - x^2 - y^2}}.$$

考虑一般的二维波动方程初值问题

$$\begin{cases} u_{tt} = a^2(u_{xx} + u_{yy}), & (x,y) \in \mathbb{R}^2,\ t > 0, \\ u(x,y,0) = \varphi(x,y), \quad u_t(x,y,0) = \psi(x,y), & (x,y) \in \mathbb{R}^2, \end{cases} \tag{4.3.2}$$

该问题的解为

$$u(x_0,y_0,t_0) = \partial_{t_0}\left[\frac{1}{2\pi a} \iint_D \frac{\varphi(x,y)}{\sqrt{a^2 t_0^2 - (x-x_0)^2 - (y-y_0)^2}}\, \mathrm{d}x\mathrm{d}y \right]$$

$$+ \frac{1}{2\pi a} \iint_D \frac{\psi(x,y)}{\sqrt{a^2 t_0^2 - (x-x_0)^2 - (y-y_0)^2}}\, \mathrm{d}x\mathrm{d}y. \tag{4.3.3}$$

从公式 (4.3.3) 可以看到，$u(x_0,y_0,t_0)$ 的值依赖于初值函数 $\varphi(x,y)$，$\psi(x,y)$ 在二维区

域$(x-x_0)^2+(y-y_0)^2 \le a^2t_0^2$ 上的值，因而解$u(x,y,t)$在点(x_0,y_0,t_0)的依赖区域为

$$D: \ (x-x_0)^2+(y-y_0)^2 \le a^2t_0^2.$$

注意到初值函数φ, ψ在(x_1,y_1)处的值在t时刻影响了解在二维圆形区域

$$\{(x,y)|\ (x-x_1)^2+(y-y_1)^2 \le a^2t^2\}$$

上的值，所以初值在(x_1,y_1)点处的影响区域为三维时空锥形区域

$$\{(x,y,t)|\ (x-x_1)^2+(y-y_1)^2 \le a^2t^2,\ t>0\}.$$

因而在二维情况下，局部范围内的初始扰动，具有长期连续的后效特性，所以二维波只有前阵面没有后阵面，不满足惠更斯原理. 这一现象被称为二维波的弥散，波的弥散如同在平静的水面上投入一块石头而产生的波的传播，与三维波有显著不同.

例 4.3　试用降维法思想和二维波方程泊松公式(4.3.3)推导达朗贝尔公式.

解　考虑

$$\begin{cases} u_{tt} = a^2 u_{xx}, & x \in \mathbb{R},\ t>0, \\ u(x,0) = \varphi(x), \quad u_t(x,0) = \psi(x), & x \in \mathbb{R}. \end{cases}$$

先考虑只有初值速度的情况，将其看成二维问题，即考虑下面的问题

$$\begin{cases} v_{tt} = a^2(v_{xx}+v_{yy}), & (x,y) \in \mathbb{R}^2,\ t>0, \\ v(x,y,0) = 0, \quad v_t(x,y,0) = \psi(x), & (x,y) \in \mathbb{R}^2. \end{cases}$$

则由泊松公式(4.3.3)知

$$v(x_0,t_0) = \frac{1}{2\pi a} \iint_D \frac{\psi(x)}{\sqrt{a^2t_0^2-(x-x_0)^2-(y-y_0)^2}} \,\mathrm{d}x\mathrm{d}y,$$

其中

$$D: \ (x-x_0)^2+(y-y_0)^2 \le a^2t_0^2.$$

将二重积分化为二次积分得

$$v(x_0,t_0) = \frac{1}{2\pi a} \int_{x_0-at_0}^{x_0+at_0} \psi(x)\mathrm{d}x \int_{y_0-\sqrt{a^2t_0^2-(x-x_0)^2}}^{y_0+\sqrt{a^2t_0^2-(x-x_0)^2}} \frac{1}{\sqrt{a^2t_0^2-(x-x_0)^2-(y-y_0)^2}} \,\mathrm{d}y$$

$$= \frac{1}{2\pi a} \int_{x_0-at_0}^{x_0+at_0} \psi(x) \left. \arcsin \frac{y-y_0}{\sqrt{a^2t_0^2-(x-x_0)^2}} \right|_{y_0-\sqrt{a^2t_0^2-(x-x_0)^2}}^{y_0+\sqrt{a^2t_0^2-(x-x_0)^2}} \,\mathrm{d}x$$

$$= \frac{1}{2\pi a} \int_{x_0-at_0}^{x_0+at_0} \psi(x) \left(\arcsin 1 - \arcsin(-1) \right) \mathrm{d}x = \frac{1}{2a} \int_{x_0-at_0}^{x_0+at_0} \psi(x)\mathrm{d}x.$$

最后，由斯托克斯原理(习题四第9题)知

$$u(x_0,t_0) = \partial_{t_0}\left[\frac{1}{2a} \int_{x_0-at_0}^{x_0+at_0} \varphi(x)\mathrm{d}x \right] + \frac{1}{2a} \int_{x_0-at_0}^{x_0+at_0} \psi(x)\mathrm{d}x$$

$$= \frac{1}{2}\left(\varphi(x_0+at_0) + \varphi(x_0-at_0) \right) + \frac{1}{2a} \int_{x_0-at_0}^{x_0+at_0} \psi(x)\mathrm{d}x.$$

例 4.4　用降维法思想求解

$$\begin{cases} u_{tt} = a^2 \Delta u, & (x,y) \in \mathbb{R}^2, \ t > 0, \\ u(x,y,0) = \sin x, \quad u_t(x,y,0) = 0, & (x,y) \in \mathbb{R}^2. \end{cases}$$

解　观察到初值只与变量 x 有关，所以解 u 也只与 x,t 有关，而与变量 y 无关，从而问题简化为一维问题

$$\begin{cases} u_{tt} = a^2 u_{xx} & x \in \mathbb{R}, \ t > 0, \\ u(x,0) = \sin x, \quad u_t(x,0) = 0, & x \in \mathbb{R}. \end{cases}$$

由达朗贝尔公式得解为

$$u(x,y,t) = \frac{1}{2}[\sin(x+at) + \sin(x-at)] = \sin x \cos at.$$

$\square$

例 4.5　用降维法思想和线性拆分求解

$$\begin{cases} u_{tt} = a^2 \Delta u, & (x,y,z) \in \mathbb{R}^3, \ t > 0, \\ u(x,y,z,0) = x^2, \quad u_t(x,y,z,0) = yh(z), & (x,y,z) \in \mathbb{R}^3. \end{cases}$$

解　先将问题拆分为两个问题

$$\begin{cases} v_{tt} = a^2 \Delta v, & (x,y,z) \in \mathbb{R}^3, \ t > 0, \\ v(x,y,z,0) = x^2, \quad v_t(x,y,z,0) = 0, & (x,y,z) \in \mathbb{R}^3, \end{cases}$$

和

$$\begin{cases} w_{tt} = a^2 \Delta w, & (x,y,z) \in \mathbb{R}^3, \ t > 0, \\ w(x,y,z,0) = 0, \quad w_t(x,y,z,0) = yh(z), & (x,y,z) \in \mathbb{R}^3. \end{cases}$$

与上例相似，可将 v 的问题简化为一维问题再利用达朗贝尔公式求得

$$v(x,y,z,t) = \frac{1}{2}[(x+at)^2 + (x-at)^2] = x^2 + a^2 t^2.$$

对于 w 的问题，注意到虽然 w 与 y 相关，但是初值中的 y，求两次导数后为零，因而也可以把 y 看成常数，将问题简化为一维问题后，求得解为

$$w(x,y,z,t) = y \cdot \frac{1}{2a} \int_{z-at}^{z+at} h(\tau) \, \mathrm{d}\tau.$$

综上可得

$$u(x,y,z,t) = x^2 + a^2 t^2 + \frac{y}{2a} \int_{z-at}^{z+at} h(\tau) \, \mathrm{d}\tau.$$

$\square$

习题四

1. 用行波法求解运输方程初值问题

$$\begin{cases} u_t + bu_x = 0, & x \in \mathbb{R},\, t > 0, \\ u(x,0) = g(x), & x \in \mathbb{R}. \end{cases}$$

2. 用达朗贝尔公式求解问题

$$\begin{cases} u_{tt} - 4u_{xx} = 0, & x \in \mathbb{R},\ t > 0, \\ u(x,0) = x^2, & x \in \mathbb{R}, \\ u_t(x,0) = 3\cos x, & x \in \mathbb{R}. \end{cases}$$

3. 用行波法求解问题

$$\begin{cases} u_{xx} - 3u_{xt} - 4u_{tt} = 0, & x \in \mathbb{R},\ t > 0, \\ u(x,0) = x^2, & x \in \mathbb{R}, \\ u_t(x,0) = e^x, & x \in \mathbb{R}. \end{cases}$$

4. 用行波法求解问题(Coursat problem)

$$\begin{cases} u_{tt} - u_{xx} = 0, & |x| < t,\ t > 0, \\ u(x,-x) = \varphi(x), & x \le 0, \\ u(x,x) = \psi(x), & x \ge 0,\ \varphi(0) = \psi(0). \end{cases}$$

5. 用特征线法求解问题

$$\begin{cases} u_{xx} + 2\cos x\, u_{xy} - \sin^2 x\, u_{yy} - \sin x\, u_y = 0, & x \in \mathbb{R},\ y \in \mathbb{R}, \\ u(x,0) = x\sin x, \quad u_y(x,0) = -x, & x \in \mathbb{R}. \end{cases}$$

6. 求解半无界初边值问题

$$\begin{cases} u_{tt} - a^2 u_{xx} = 0, & x > 0,\ t > 0, \\ u(0,t) = h(t), & t \ge 0, \\ u(x,0) = \varphi(x), \quad u_t(x,0) = \psi(x), & x \ge 0, \end{cases}$$

其中 $h(0) = \varphi(0) = \psi(0) = 0$.

7. 用线性拆分和降维法求解初值问题

$$\begin{cases} u_{tt} - \Delta u = 6t\sin y, & (x,y) \in \mathbb{R}^2,\ t > 0, \\ u(x,y,0) = 2x, & (x,y) \in \mathbb{R}^2, \\ u_t(x,y,0) = 4\sin y, & (x,y) \in \mathbb{R}^2. \end{cases}$$

8. 用线性拆分和降维法求解初值问题

$$\begin{cases} u_{tt} - a^2\Delta u = 0, & (x,y,z) \in \mathbb{R}^3,\ t > 0, \\ u(x,y,z,0) = f(x) + g(y), & (x,y,z) \in \mathbb{R}^3, \\ u_t(x,y,z,0) = \varphi(y) + x\psi(z), & (x,y,z) \in \mathbb{R}^3. \end{cases}$$

9. 证明泊松公式(4.2.5)中初始位置与初始速度对应解的关系(Stokes' rule)，即假设u是下面问题的解

$$\begin{cases} u_{tt} - a^2 \Delta u = 0, & x \in \mathbb{R}^3, \ t > 0, \\ u(x,0) = 0, \quad u_t(x,0) = h(x), & x \in \mathbb{R}^3, \end{cases}$$

证明：$v = u_t$ 满足

$$\begin{cases} v_{tt} - a^2 \Delta v = 0, & x \in \mathbb{R}^3, \ t > 0, \\ v(x,0) = h(x), \quad v_t(x,0) = 0, & x \in \mathbb{R}^3. \end{cases}$$

10. 求解三维波动方程初边值问题

$$\begin{cases} u_{tt} - a^2 \Delta u = 0, & x \in \mathbb{R}^3, \ t > 0, \\ u(x,0) = 0, \quad u_t(x,0) = 0, & x \in \mathbb{R}^3, \\ \lim_{r \to 0} 4\pi r^2 u_r = g(t), & g(0) = g'(0) = g''(0) = 0, \end{cases}$$

其中r是球坐标(r, θ, φ)中的变量.

11. 考虑非齐次三维波动方程初值问题

$$\begin{cases} u_{tt} - a^2 \Delta u = f(x,t), & x \in \mathbb{R}^3, \ t > 0, \\ u(x,0) = 0, \quad u_t(x,0) = 0, & x \in \mathbb{R}^3. \end{cases}$$

由泊松公式知，其解为

$$u(x,t) = \int_0^t \iint_{|y-x|=a(t-s)} \frac{1}{4\pi a^2(t-s)} f(y,s) \, \mathrm{d}S_y \mathrm{d}s.$$

验算(推迟势)

$$u(x,t) = \frac{1}{4\pi a} \int_0^t \iint_{|y-x|=a(t-s)} \frac{f(y, t - |y-x|/a)}{|y-x|} \, \mathrm{d}S_y \mathrm{d}s$$
$$= \frac{1}{4\pi a^2} \iiint_{|y-x| \le at} \frac{f(y, t - |y-x|/a)}{|y-x|} \, \mathrm{d}y.$$

12. (非均匀介质中波的反射与透射) 一根柔韧细弦，$x < 0$时弦的密度为常数ρ_1，$x > 0$时弦的密度为常数ρ_2，波在这根弦上的传播速度为$c(x)$，则

$$c(x) = \sqrt{T/\rho_1} = c_1, \ x < 0; \ c(x) = \sqrt{T/\rho_2} = c_2, \ x > 0,$$

其中常数T表示弦的张力. 现在有一个右行波$f(x - c_1 t)$沿着弦从左向右传播，不妨设$f(x) = 0, \ x > 0$.

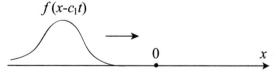

设弦的位移为$u(x,t)$，请给出$u(x,t)$满足的方程和条件，并结合一维波方程的通解形式和$u(x,t)$，$u_x(x,t)$在$x = 0$处的连续性(连接条件)，求出$u(x,t)$的表达式，最后利用解的表达式解释波的反射与透射现象.

第 5 章　格林函数法

本章主要研究求解位势方程的格林函数方法，该方法在位势方程理论研究和数值计算中均有重要作用. 接着我们介绍二维情况下求解格林函数和拉普拉斯方程的保角变换法. 本章最后我们将格林函数法推广到热方程、波动方程初边值问题的求解中.

5.1　全空间中的位势方程

回顾散度定理，设有界区域 $D \subset \mathbb{R}^d$，∂D 光滑，向量值函数 $\mathbf{w} \in C^1$，n 是 ∂D 的单位外法向量，则

$$\int_D \nabla \cdot \mathbf{w} \, \mathrm{d}x = \int_{\partial D} \mathbf{w} \cdot n \, \mathrm{d}S. \tag{5.1.1}$$

令 $\mathbf{w} = u \nabla v$，代入 (5.1.1) 得

$$\int_D \nabla \cdot (u \nabla v) \, \mathrm{d}x = \int_{\partial D} u \nabla v \cdot n \, \mathrm{d}S. \tag{5.1.2}$$

因为

$$\nabla \cdot (u \nabla v) = u \Delta v + \nabla u \cdot \nabla v, \quad \nabla v \cdot n = \frac{\partial v}{\partial n},$$

所以

$$\int_D u \Delta v + \nabla u \cdot \nabla v \, \mathrm{d}x = \int_{\partial D} u \frac{\partial v}{\partial n} \, \mathrm{d}S, \tag{5.1.3}$$

此公式称为第一格林公式. 取第一格林公式中的 $u \equiv 1$，则得到公式

$$\int_D \Delta v \, \mathrm{d}x = \int_{\partial D} \frac{\partial v}{\partial n} \, \mathrm{d}S. \tag{5.1.4}$$

将第一格林公式中的 u, v 互相调换位置得

$$\int_D v \Delta u + \nabla u \cdot \nabla v \, \mathrm{d}x = \int_{\partial D} v \frac{\partial u}{\partial n} \, \mathrm{d}S, \tag{5.1.5}$$

将 (5.1.3) 和 (5.1.5) 两式相减得

$$\int_D u \Delta v - v \Delta u \, \mathrm{d}x = \int_{\partial D} u \frac{\partial v}{\partial n} - v \frac{\partial u}{\partial n} \, \mathrm{d}S, \tag{5.1.6}$$

此公式称为第二格林公式.[11]

---

[11] 一般要求第一格林公式中的函数 $u \in C^1(\overline{D})$ 和 $v \in C^2(\overline{D})$，要求第二格林公式中的函数 $u \in C^2(\overline{D})$ 和 $v \in C^2(\overline{D})$. 事实上，这两个公式在 u, v 满足较弱的条件下也成立，具体证明需要用到 Sobolev 空间和广义函数相关的数学知识超出了本课程要求，我们不做详细讨论. 对工科同学来说，只需知道如何运用这两个公式，而不必过于拘泥于其成立的条件. 因而在本章中，我们运用这些公式时也不再验证这些公式成立的条件.

下面我们来考虑三维空间中的位势方程

$$-\Delta\phi(x) = \delta(x), \quad x \in \mathbb{R}^3.$$

我们将该问题的解称为三维拉普拉斯方程的基本解. 在第三章中，我们利用傅立叶变换已经求得该基本解为 $\phi(x) = \dfrac{1}{4\pi|x|}$. 这里我们利用另外一种方法来求解，该方法的数学思想是：方程右端的 $\delta(x)$ 只与球坐标中的 r 有关，我们称之为具有球对称性，而方程左端的 Δ 算子也具有旋转不变性，这就提示我们可以寻找只与变量 $r = |x|$ 有关的解，即球对称解 $\phi(r)$. 将 $\phi(r)$ 代入方程得

$$\phi''(r) + \frac{2}{r}\phi'(r) = 0, \quad r > 0.$$

这是一个可降阶的二阶常微分方程，可解得通解为

$$\phi(r) = \frac{C}{r} + D.$$

一般我们假设三维空间中的位势函数在 ∞ 处为零，即 $\phi(\infty) = 0$，所以 $D = 0$，还需要确定常数 C. 如何求出 C 的值呢？这个问题比较高级，因为原方程的右端是个特殊的函数 δ. 我们发现如果将 $\phi(r)$ 的表达式代入下式直接计算

$$\int_{\mathbb{R}^3} -\Delta\phi(x)\,\mathrm{d}x = 1,$$

则无法计算出常数 C. 这里我们先介绍求常数 C 的第一个方法，基本解 $\phi(x)$ 中系数 C 的求解，可以通过公式 (5.1.4) 来计算.

$$\int_{\partial B_\varepsilon(0)} \frac{\partial\phi}{\partial n}\,\mathrm{d}S = \int_{B_\varepsilon(0)} \Delta\phi\,\mathrm{d}x = \int_{\mathbb{R}^3} \Delta\phi\,\mathrm{d}x = -1,$$

因而

$$\int_{\partial B_\varepsilon(0)} -\frac{C}{\varepsilon^2}\,\mathrm{d}S = -4\pi C = -1 \quad \Rightarrow \quad C = \frac{1}{4\pi}.$$

该方法具有明显的物理意义，将 $\delta(x)$ 看成一个单位点电荷，则 ϕ 表示该点电荷产生电场的电势，$-\nabla\phi$ 表示电场的场强，场强在边界上的第二型曲面积分为电通量等于区域内的总电荷 1，因而我们将该方法称为通量法. 再来看求常数 C 的第二个方法，我们引入试验函数 $v \in C_0^\infty(\mathbb{R}^3)$，其中 $C_0^\infty(\mathbb{R}^3)$ 表示具有有界支集的无穷次可微函数的集合. 将方程两边同时和 v 做内积，则

$$\forall v \in C_0^\infty(\mathbb{R}^3), \quad (-\Delta\phi, v) = (\delta, v).$$

利用第一格林公式计算得

$$(-\Delta\phi, v) = -\int_{\mathbb{R}^3} \Delta\phi(x)v(x)\,\mathrm{d}x = -\lim_{\varepsilon\to 0+} \int_{B_\varepsilon(0)} \Delta\phi(x)v(x)\,\mathrm{d}x$$

$$= \lim_{\varepsilon\to 0+} \left[\int_{B_\varepsilon(0)} \nabla\phi(x)\cdot\nabla v(x)\,\mathrm{d}x - \int_{\partial B_\varepsilon(0)} v(x)\frac{\partial\phi(x)}{\partial n}\,\mathrm{d}S \right],$$

其中 n 表示球面 $\partial B_\varepsilon(0)$ 的单位外法向量. 现在估计第一项，

$$\left| \int_{B_\varepsilon(0)} \nabla\phi(x)\cdot\nabla v(x)\,\mathrm{d}x \right| \leqslant \int_{B_\varepsilon(0)} |\nabla\phi(x)||\nabla v(x)|\,\mathrm{d}x \leqslant M\int_{B_\varepsilon(0)} |\nabla\phi(x)|\,\mathrm{d}x = 4\pi CM\varepsilon,$$

其中 $M = \max\limits_{\mathbb{R}^3} |\nabla v(x)|$. 将该估计和 $\phi(r) = \dfrac{C}{r}$ 代入得

$$(-\Delta\phi, v) = 0 - \lim_{\varepsilon \to 0+} \int_{\partial B_\varepsilon(0)} v(x) \frac{\partial \phi(x)}{\partial n} \, \mathrm{d}S = \lim_{\varepsilon \to 0+} \frac{C}{\varepsilon^2} \int_{\partial B_\varepsilon(0)} v(x) \, \mathrm{d}S = 4\pi C v(0) = (\delta, v),$$

所以

$$4\pi C = 1 \quad \Rightarrow \quad C = \frac{1}{4\pi}.$$

上面方法的关键是：观察到$-\Delta\phi(x)$在原点的奇性太强，无法直接计算它的积分，因而我们采用第一格林公式将此项的奇性降低再进行分析计算，我们称该方法为试验函数法，这是处理广义函数的重要技巧，请读者体会学习. 另外我们注意到利用试验函数和第二格林公式也可以求出系数C，具体过程与上面类似，留给读者自己给出.

　　类似的方法也可以用来求解n维空间中的位势方程的基本解，

$$-\Delta\phi(x) = \delta(x), \quad x \in \mathbb{R}^n.$$

可解得基本解

$$\phi(x) = \begin{cases} \dfrac{1}{2\pi} \ln \dfrac{1}{|x|}, & n = 2, \\[3mm] \dfrac{1}{(n-2)\omega_n |x|^{n-2}}, & n \geq 3, \end{cases} \tag{5.1.7}$$

其中ω_n是$\mathbb{R}^n$中单位球面的面积，比如$\omega_3 = 4\pi$. 值得注意的是

$$n = 2, \ \phi(1) = 0, \ \phi(\infty) = -\infty, \quad n \geq 3, \ \phi(\infty) = 0.$$

　　有了基本解，那么来考虑一般的位势方程

$$-\Delta u(x) = f(x), \quad x \in \mathbb{R}^n, \quad f \in L^1(\mathbb{R}^n), \quad n \geq 3.$$

容易看到其解为

$$u(x) = \phi * f = \int_{\mathbb{R}^n} \phi(x-y) f(y) \, \mathrm{d}y.$$

验证过程如下

$$-\Delta_x u = -\Delta_x \int_{\mathbb{R}^n} \phi(x-y) f(y) \, \mathrm{d}y = \int_{\mathbb{R}^n} -\Delta_x \phi(x-y) f(y) \, \mathrm{d}y = \int_{\mathbb{R}^n} \delta(x-y) f(y) \, \mathrm{d}y = f(x).$$

5.2　调和函数均值公式与最值原理

　　本节介绍调和函数的两个重要性质.

定理 5.1 (调和函数均值公式)　　设$D \subset \mathbb{R}^n$, $u \in C^2(D)$是调和函数，则

$$\forall B_r(x) \subset D, \quad u(x) = \frac{1}{|\partial B_r(x)|} \int_{\partial B_r(x)} u(y) \, \mathrm{d}S = \frac{1}{|B_r(x)|} \int_{B_r(x)} u(y) \, \mathrm{d}y.$$

证明　令

$$\varphi(r) = \frac{1}{|\partial B_r(x)|} \int_{\partial B_r(x)} u(y) \, \mathrm{d}S_y = \frac{1}{|\partial B_1(0)|} \int_{\partial B_1(0)} u(x+rz) \, \mathrm{d}S_z,$$

则

$$\varphi'(r) = \frac{1}{|\partial B_1(0)|} \int_{\partial B_1(0)} \nabla u(x+rz) \cdot z\, dS_z = \frac{1}{|\partial B_r(x)|} \int_{\partial B_r(x)} \nabla u(y) \cdot \frac{y-x}{r}\, dS_y$$

$$= \frac{1}{|\partial B_r(x)|} \int_{\partial B_r(x)} \frac{\partial u}{\partial n}\, dS_y = \frac{1}{|\partial B_r(x)|} \int_{B_r(x)} \Delta u(y)\, dy = 0.$$

所以φ是常数，因而

$$\varphi(r) = \lim_{r \to 0+} \varphi(r) = \lim_{r \to 0+} \frac{1}{|\partial B_r(x)|} \int_{\partial B_r(x)} u(y)\, dS_y = u(x).$$

另外，注意到

$$\int_{B_r(x)} u(y)\, dy = \int_0^r \Big(\int_{\partial B_s(x)} u(y)\, dS \Big)\, ds = u(x) \int_0^r \omega(n) s^{n-1}\, ds = |B_r(x)| u(x),$$

所以第二个等式成立. □

定理 5.2 (调和函数最值原理) [12] 设$u \in C^2(D) \cap C(\overline{D})$是$D$中的调和函数，则

$$\max_{\overline{D}} u = \max_{\partial D} u, \qquad \min_{\overline{D}} u = \min_{\partial D} u.$$

证明　先证调和函数的最大值在边界上取到. 记$M = \max_{\overline{D}} u$，定义$D_M = \{x \in D \mid u(x) = M\}$. 反证法. 假设最大值不在边界处取到，则$D_M$非空，任取$x_0 \in D_M$，$0 < r < \mathrm{dist}(x_0, \partial D)$，则由调和函数均值公式得

$$M = u(x_0) = \frac{1}{|B_r(x_0)|} \int_{B_r(x_0)} u(y)\, dy \leq M.$$

所以

$$\forall\, y \in B_r(x_0), \ u(y) = M,$$

从而D_M相对于D是开集，所以$D_M = D$，由u的连续性知，在∂D上$u = M$，矛盾. 类似可以证明调和函数的最小值在边界上取到. □

5.3　位势方程的格林函数与格林函数法

考虑区域$D \subset \mathbb{R}^n$上的位势方程边值问题

$$\begin{cases} -\Delta_y G(x,y) = \delta(x-y), & x \in D, \ y \in D, \\ G(x,y) = 0, & x \in D, \ y \in \partial D. \end{cases} \tag{5.3.1}$$

该问题的解称为格林函数(Green's function)，$G(x,y)$可以看成在点x处的单位点电荷$\delta(x-y)$产生的且在边界∂D上电势为零的势函数. 那么格林函数有什么用呢? 我们考虑下面的位势方程边值问题

$$(\mathrm{I}) \quad \begin{cases} -\Delta u(x) = f(x), & x \in D, \\ u(x) = g(x), & x \in \partial D. \end{cases} \tag{5.3.2}$$

---

[12]初次学习时，调和函数的最值原理只需要知道结论.

对于D是一般的区域，前面我们学习过的分离变量法和积分变换法不再适用，下面我们介绍格林函数法来求解该问题. 对函数$u(y)$和$G(x,y)$在区域D上应用第二格林公式得

$$\int_D u(y)\Delta_y G(x,y) - G(x,y)\Delta_y u(y)\,\mathrm{d}y = \int_{\partial D} u(y)\frac{\partial G(x,y)}{\partial n} - G(x,y)\frac{\partial u(y)}{\partial n}\,\mathrm{d}S. \quad (5.3.3)$$

注意到$x\in D$, 所以

$$\int_D u(y)\Delta_y G(x,y)\,\mathrm{d}y = -\int_D u(y)\delta(x-y)\,\mathrm{d}y = -u(x),$$

再将(5.3.1)和(5.3.2)中的其他条件代入(5.3.3)得

$$u(x) = \int_D G(x,y)f(y)\,\mathrm{d}y - \int_{\partial D} g(y)\frac{\partial G(x,y)}{\partial n}\,\mathrm{d}S.$$

至此，我们将问题(I)的解用格林函数的两个积分表示了出来，如果能求出格林函数，则问题(I)的解就可以求出来. 至于如何来求出格林函数，我们会在下一节讨论.

现在我们将上面的方法推广到其他类型边界条件的位势方程. 考虑Robin边值问题

$$(\mathrm{II})\quad \begin{cases} -\Delta u = f, & x\in D, \\ \frac{\partial u}{\partial n} + \sigma u = h, & x\in\partial D. \end{cases} \quad\quad (5.3.4)$$

先取

$$-\Delta_y G(x,y) = \delta(x-y), \quad x\in D, \ y\in D,$$

再利用第二格林公式来分析格林函数$G(x,y)$应该满足什么样的边界条件. 将$u(x)$的边界条件改写为

$$\frac{\partial u}{\partial n} = h - \sigma u, \quad x\in\partial D,$$

代入(5.3.3)得

$$\int_D u(y)\Delta_y G(x,y) - G(x,y)\Delta_y u(y)\,\mathrm{d}y = \int_{\partial D} u(y)\frac{\partial G(x,y)}{\partial n} - G(x,y)(h(y)-\sigma u(y))\,\mathrm{d}S,$$

$$(5.3.5)$$

变形得

$$-u(x) + \int_D G(x,y)f(y)\,\mathrm{d}y = \int_{\partial D} u(y)\Big(\frac{\partial G(x,y)}{\partial n} + \sigma G(x,y)\Big) - G(x,y)h(y)\,\mathrm{d}S,$$

容易看到需要取格林函数的边界条件

$$\frac{\partial G(x,y)}{\partial n} + \sigma G(x,y) = 0, \quad x\in D, \ y\in\partial D.$$

这样问题(II)的解为

$$u(x) = \int_D G(x,y)f(y)\,\mathrm{d}y + \int_{\partial D} G(x,y)h(y)\,\mathrm{d}S.$$

再考虑下面的Neumann边值问题

$$(\mathrm{III})\quad \begin{cases} -\Delta u = f, & x\in D, \\ \frac{\partial u}{\partial n} = g, & x\in\partial D. \end{cases} \quad\quad (5.3.6)$$

首先注意到，如果$u(x)$是该问题的解，则$u(x)+C$也是一个解，C是任意常数. 另外，

由(5.1.4)得

$$-\int_D f(x)\,\mathrm{d}x = \int_{\partial D} g(x)\,\mathrm{d}S,$$

因而只有当函数 f,g 满足上式时，问题(5.3.6)才可能有解. 注意到如果需要构造

$$-\Delta_y G(x,y) = \delta(x-y), \quad x \in D, \ y \in D,$$

则 $G(x,y)$ 需要满足

$$\int_{\partial D} \frac{\partial G}{\partial n}\,\mathrm{d}S = -1.$$

为了简单起见，可以取 $\frac{\partial G}{\partial n} = -1/|\partial D|$，即

$$\begin{cases} -\Delta_y G(x,y) = \delta(x-y), & x \in D, \ y \in D \\ \frac{\partial G(x,y)}{\partial n(y)} = -1/|\partial D|, & x \in D, \ y \in \partial D. \end{cases} \tag{5.3.7}$$

同样对此 $G(x,y)$ 和 $u(y)$ 应用第二格林公式，就可以得到问题(III)解的积分表达式为

$$u(x) = \int_D G(x,y)f(y)\,\mathrm{d}y + \int_{\partial D} G(x,y)g(y)\,\mathrm{d}S + \frac{1}{|\partial D|}\int_{\partial D} u(y)\,\mathrm{d}S.$$

值得注意的是，对于Neumann边值问题还有一种处理方法是改变格林函数的方程，令

$$\begin{cases} -\Delta_y \tilde{G}(x,y) = \delta(x-y) - 1/|D|, & x \in D, \ y \in D, \\ \frac{\partial \tilde{G}(x,y)}{\partial n} = 0, & x \in D, \ y \in \partial D. \end{cases} \tag{5.3.8}$$

这样构造的格林函数方程和边界条件就不会出现矛盾，此时问题(III)解的积分表达式为

$$u(x) = \int_D \tilde{G}(x,y)f(y)\,\mathrm{d}y + \int_{\partial D} \tilde{G}(x,y)g(y)\,\mathrm{d}S + \frac{1}{|D|}\int_D u(y)\,\mathrm{d}y.$$

从上面的分析可以看到，Dirichlet边值问题和Robin边值问题中格林函数满足的条件很类似，而Neumann边值问题中格林函数满足的条件却有较大不同，请读者结合各自问题的物理意义给出解释.

本节最后，我们给出Dirichlet边界条件下格林函数的两个重要性质. 首先来看格林函数的对称性，即 $G(x,y) = G(y,x)$. 对函数 $G(x,z)$ 和 $G(y,z)$ 在区域 D 上应用第二格林公式得

$$\int_D G(x,z)\Delta_z G(y,z) - G(y,z)\Delta_z G(x,z)\,\mathrm{d}z = \int_{\partial D} G(x,z)\frac{\partial G(y,z)}{\partial n} - G(y,z)\frac{\partial G(x,z)}{\partial n}\,\mathrm{d}S = 0.$$

注意到

$$\int_D G(x,z)\Delta_z G(y,z)\,\mathrm{d}z = -\int_D G(x,z)\delta(y-z)\,\mathrm{d}z = -G(x,y),$$

类似地有

$$\int_D G(y,z)\Delta_z G(x,z)\,\mathrm{d}z = -\int_D G(y,z)\delta(x-z)\,\mathrm{d}z = -G(y,x),$$

所以

$$G(x,y) = G(y,x).$$

该对称性也称为互易性，可以从物理上来理解，$G(x, y)$是点x处的单位正点电荷产生的势函数在y处的值，而$G(y, x)$是点y处的单位正点电荷产生的势函数在x处的值，两者必相等.

再来分析格林函数$G(x, y)$在$y = x$处的渐近性质(奇异性). 令

$$v(x, y) = G(x, y) - \phi(x - y),$$

其中ϕ是基本解，则$v(x, y)$满足

$$\begin{cases} -\Delta_y v(x, y) = 0, & x \in D, \ y \in D \\ v(x, y) = -\phi(x - y), & x \in D, \ y \in \partial D. \end{cases} \tag{5.3.9}$$

容易看到$x \in D$, $y \in \partial D$时，$\phi(x - y) \in C^\infty$是有界函数，从而由调和函数的最值原理知$v(x, y)$的最值在边界上取到，所以$v(x, y)$在D上有界. 而当$x \in D$, $y \to x$时，$\phi(x - y) \to \infty$，所以此时也有$G(x, y) \to \infty$，即

$$\forall \, x \in D, \ y \to x, \quad G(x, y) \sim \phi(x - y),$$

再利用基本解的表达式(5.1.7)即得

$$n = 2, \ G(x, y) = O(\ln \frac{1}{|x - y|}); \quad n \geq 3, \ G(x, y) = O(\frac{1}{|x - y|^{n-2}}). \tag{5.3.10}$$

利用$G(x, y)$的渐近性质(5.3.10)，可以证明$\forall \, x \in D$, $G(x, \cdot) \in L^2(D)$，具体验算过程留给读者自行推导.

5.4   特殊区域上的格林函数

对于一些特殊区域上的格林函数是可以构造出来的，本节将介绍特殊区域上构造格林函数的镜像电荷法(Method of Reflection).

5.4.1   上半空间的格林函数

记$\mathbb{R}_+^3 = \{x = (x_1, x_2, x_3) \in \mathbb{R}^3, \ x_3 > 0\}$，考虑上半空间$\mathbb{R}_+^3$的格林函数，即求解

$$\begin{cases} -\Delta_y G(x, y) = \delta(x - y), & x \in \mathbb{R}_+^3, \ y \in \mathbb{R}_+^3, \\ G(x, y) = 0, & x \in \mathbb{R}_+^3, \ y \in \partial\mathbb{R}_+^3. \end{cases} \tag{5.4.1}$$

先在上半空间$\mathbb{R}_+^3$中任取一点x，并在x处放置一个单位正电荷，然后求出点x关于边界平面$x_3 = 0$的对称点$x^* = (x_1, x_2, -x_3)$，并在点x^*处放置一个单位负电荷，那么这两个电荷构成的静电场的电势即为格林函数

$$G(x, y) = \frac{1}{4\pi|x - y|} - \frac{1}{4\pi|x^* - y|}. \tag{5.4.2}$$

来验证一下：当$x \in \mathbb{R}_+^3$, $y \in \mathbb{R}_+^3$时，

$$-\Delta_y G(x, y) = -\Delta_y \Big[\frac{1}{4\pi|x - y|} - \frac{1}{4\pi|x^* - y|} \Big] = \delta(x - y) - \delta(x^* - y) = \delta(x - y).$$

另外在边界平面$x_3 = 0$上，$|x - y| = |x^* - y|$，所以$G(x, y) = 0$，又因为$G(x, \infty) = 0$，故当$y \in \partial\mathbb{R}_+^3$时，$G(x, y) = 0$.

利用此格林函数我们来求解

$$\begin{cases} -\Delta u = 0, & x \in \mathbb{R}^3_+, \\ u(x_1, x_2, 0) = h(x_1, x_2), & (x_1, x_2) \in \mathbb{R}^2, \\ u(x) = 0, & |x| = \infty. \end{cases} \tag{5.4.3}$$

由格林函数法知

$$u(x) = -\iint_{\mathbb{R}^2} h(y_1, y_2) \frac{\partial G(x, y)}{\partial n}\Big|_{y_3=0} \, dy_1 dy_2.$$

注意到 $n = (0, 0, -1)$，所以

$$-\frac{\partial G(x, y)}{\partial n}\Big|_{y_3=0} = \frac{\partial G(x, y)}{\partial y_3}\Big|_{y_3=0} = \frac{x_3}{2\pi[(x_1 - y_1)^2 + (x_2 - y_2)^2 + x_3^2]^{3/2}},$$

从而

$$u(x) = \frac{x_3}{2\pi} \iint_{\mathbb{R}^2} \frac{h(y_1, y_2)}{[(x_1 - y_1)^2 + (x_2 - y_2)^2 + x_3^2]^{3/2}} \, dy_1 dy_2. \tag{5.4.4}$$

类似可以考虑上半平面的拉普拉斯方程边值问题

$$\begin{cases} -\Delta u = 0, & x \in \mathbb{R}^2_+, \\ u(x_1, 0) = h(x_1), & x_1 \in \mathbb{R}, \\ u(x) = 0, & |x| = \infty, \end{cases} \tag{5.4.5}$$

其中 $\mathbb{R}^2_+ = \{x = (x_1, x_2) \in \mathbb{R}^2, x_2 > 0\}$. 首先在 $\mathbb{R}^2_+$ 中任取一点 $x = (x_1, x_2)$，在该点放置一个单位正电荷，然后求出对称点 $x^* = (x_1, -x_2)$，在点 x^* 处放置一个单位负电荷，则格林函数为

$$G(x, y) = \frac{1}{2\pi} \ln \frac{1}{|x - y|} - \frac{1}{2\pi} \ln \frac{1}{|x^* - y|},$$

再用格林函数法给出问题(5.4.5)的解为

$$u(x_1, x_2) = \frac{x_2}{\pi} \int_{\mathbb{R}} \frac{h(y_1)}{(x_1 - y_1)^2 + x_2^2} \, dy_1. \tag{5.4.6}$$

这一结果与例3.9中用傅立叶变换法得出的结果一致. 至于该格林函数的验证和解的具体计算与上半空间的类似，留给读者.

5.4.2　球体的格林函数

记 $B_R(0) = \{x \in \mathbb{R}^3, |x| < R\}$，考虑三维球体 $B_R(0)$ 的格林函数，即求解

$$\begin{cases} -\Delta_y G(x, y) = \delta(x - y), & x \in B_R(0), \ y \in B_R(0), \\ G(x, y) = 0, & x \in B_R(0), \ y \in \partial B_R(0). \end{cases} \tag{5.4.7}$$

先在 $B_R(0)$ 中任取一点 x，在点 x 处放置一个单位正电荷，然后求出点 x 关于边界球面 $|x| = R$ 的对称点 x^*. 需要定义 x 关于球面 $|x| = R$ 的对称点 x^*. 首先 x^* 位于 ox 的延长线上，因而 x^* 的方向与 x 的方向相同，另外 x^* 的长度满足

$$|x| \cdot |x^*| = R^2,$$

所以

$$x^* = \frac{xR^2}{|x|^2}.$$

有了对称点x^*，那么在x^*处放置一个电量为q的负电荷，q是多少呢？我们希望这两个电荷构成的静电场在边界球面$\partial B_R(0)$上电势为零，因而

$$\forall\ y \in \partial B_R(0), \quad \frac{1}{4\pi|x-y|} = \frac{q}{4\pi|x^*-y|},$$

所以

$$q = \frac{|x^*-y|}{|x-y|}.$$

观察到两个三角形相似，$\triangle Oxy \sim \triangle Oyx^*$(边角边)，从而

$$q = \frac{|x^*-y|}{|x-y|} = \frac{|x^*|}{R} = \frac{R}{|x|}.$$

所以格林函数为

$$G(x,y) = \frac{1}{4\pi|x-y|} - \frac{R}{4\pi|x|\cdot|x^*-y|}. \tag{5.4.8}$$

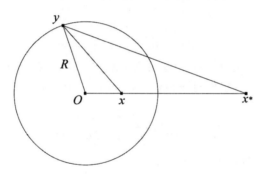

利用此格林函数我们来求解边值问题

$$\begin{cases} -\Delta u = 0, & x \in B_R(0), \\ u = h, & x \in \partial B_R(0). \end{cases} \tag{5.4.9}$$

由格林函数法知

$$u(x) = -\iint_{|y|=R} h(y)\frac{\partial G(x,y)}{\partial n}\,\mathrm{d}S.$$

因为$n = y/R$，所以

$$-\frac{\partial G(x,y)}{\partial n}\Big|_{|y|=R} = -\nabla G\cdot\frac{y}{R}\Big|_{|y|=R} = -\frac{1}{4\pi}\left(\frac{x-y}{|x-y|^3} - \frac{R}{|x|}\cdot\frac{x^*-y}{|x^*-y|^3}\right)\cdot\frac{y}{R}\Big|_{|y|=R}$$

$$= -\frac{1}{4\pi R|x-y|^3}\left[x\cdot y - R^2 - \frac{|x|^2}{R^2}(x^*\cdot y - R^2)\right]_{|y|=R} = \frac{R^2-|x|^2}{4\pi R|x-y|^3},$$

代入即得解的积分表达式为

$$u(x) = \frac{R^2-|x|^2}{4\pi R}\iint_{|y|=R}\frac{h(y)}{|x-y|^3}\,\mathrm{d}S. \tag{5.4.10}$$

上式用球坐标表示即为

$$u(r_0, \theta_0, \varphi_0) = \frac{R(R^2 - r_0^2)}{4\pi} \int_0^{2\pi} \int_0^\pi \frac{h(\theta, \varphi) \sin \theta}{(R^2 + r_0^2 - 2Rr_0 \cos \gamma)^{3/2}} \, \mathrm{d}\theta \mathrm{d}\varphi, \tag{5.4.11}$$

其中γ是$x = (r_0, \theta_0, \varphi_0)$与$y = (R, \theta, \varphi)$的夹角.

类似可以考虑二维圆内的拉普拉斯方程边值问题:

$$\begin{cases} -\Delta u = 0, & x = (x_1, x_2) \in B_R(0), \\ u = h, & x \in \partial B_R(0). \end{cases} \tag{5.4.12}$$

先在圆$x_1^2 + x_2^2 < R^2$内任取一点x, 在x处放置一个单位正电荷, 然后求出x关于圆的边界$\partial B_R(0)$的对称点$x^* = \dfrac{xR^2}{|x|^2}$, 在$x^*$处放置一个单位负电荷, 我们发现这两个电荷在边界$\partial B_R(0)$上的电势之和为常数$\dfrac{1}{2\pi} \ln \dfrac{R}{|x|}$, 为了使这两个电荷产生的静电场在$\partial B_R(0)$上的电势为零, 我们再减去这个常数, 这样构造出格林函数为

$$G(x, y) = \frac{1}{2\pi} \ln \frac{1}{|x - y|} - \frac{1}{2\pi} \ln \frac{1}{|x^* - y|} - \frac{1}{2\pi} \ln \frac{R}{|x|}.$$

由格林函数法知

$$u(x) = -\int_{|y|=R} h(y) \frac{\partial G(x, y)}{\partial n} \, \mathrm{d}s.$$

因为圆的单位外法向量$n = y/R$, 所以

$$-\frac{\partial G(x, y)}{\partial n}\Big|_{|y|=R} = -\nabla G \cdot \frac{y}{R}\Big|_{|y|=R} = \frac{R^2 - |x|^2}{2\pi R |x - y|^2}, \tag{5.4.13}$$

代入即得解的积分表达式为

$$u(x) = \frac{R^2 - |x|^2}{2\pi R} \int_{|y|=R} \frac{h(y)}{|x - y|^2} \, \mathrm{d}s. \tag{5.4.14}$$

上式用极坐标表示即为

$$u(r_0, \theta_0) = \frac{R^2 - r_0^2}{2\pi} \int_0^{2\pi} \frac{h(\theta)}{R^2 + r_0^2 - 2Rr_0 \cos(\theta - \theta_0)} \, \mathrm{d}\theta. \tag{5.4.15}$$

这一结果与第二章中用分离变量法得出的结果一致, 见注2.3.

5.5　保角变换及其应用

5.5.1　保角变换的定义

如果复变函数$w = f(z)$解析, 且$f'(z) \neq 0$, 则称该变换为保角变换. 观察该变换的几何意义, 考虑z平面中的两条曲线$z = z_1(t)$, $z = z_2(t)$, 它们相交于点z_0, 不妨设$z_0 = z_1(t_0) = z_2(t_0)$. 变换$w = f(z)$将这两条曲线映射为$w$平面中的两条曲线$w = f(z_1(t))$, $w = f(z_2(t))$, 它们相交于点$w_0 = f(z_0)$. 设曲线$z = z_1(t)$, $z = z_2(t)$在z_0点的夹角为θ, 则计算可得

$$\theta = \arg z_2'(t_0) - \arg z_1'(t_0) = \arg \frac{z_2'(t_0)}{z_1'(t_0)}.$$

同样我们设曲线$w = f(z_1(t))$, $w = f(z_2(t))$在点w_0处夹角为γ, 则

$$\gamma = \arg\frac{f'(z_0)z_2'(t_0)}{f'(z_0)z_1'(t_0)} = \arg\frac{z_2'(t_0)}{z_1'(t_0)} = \theta.$$

从上面的分析可以看到: 曲线间的夹角经过变换$w = f(z)$保持不变.

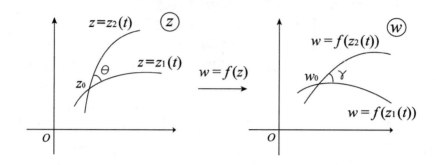

5.5.2 常用保角变换

1. 线性变换: $w = az + b = a(z + b/a) = |a|e^{i\arg a}(z + b/a)$. 从几何意义来看, 线性变换是平移, 旋转和伸缩变换的复合.

2. 幂函数: $w = z^n = |z|^n e^{in\arg z}$ ($n \geq 1$是整数), 即模是原来的n次方, 辐角是n倍. 该变换将z平面中的角形区域$0 < \arg z < \alpha$变为w平面中的角形区域$0 < \arg w < n\alpha$.

3. 指数函数: $w = e^z = e^x e^{iy}$. 该变换将z平面中的直线$y = C$变为w平面中的射线$\arg w = C$, 将z平面中的区域$0 < y < \pi$变为w平面中的上半平面, 将z平面中的直线$x = C$变为w平面中的圆$|w| = e^C$, 将z平面中的左半平面变为w平面中的单位圆内部.

4. 分式线性变换:

$$w = \frac{az + b}{cz + d} = \frac{a}{c} + \frac{(bc - ad)/c^2}{z + d/c}, \quad c \neq 0, \ ad \neq bc.$$

容易看到一般只需知道分式线性变换在三个点处的值就可以确定该变换. 最简单的分式线性变换是: $w = 1/z = e^{-i\arg z}/|z|$, 它将$z$变为$\bar{z}$关于单位圆的对称点$z^*$. 在复变函数中, 我们将直线看成是半径为$\infty$的圆, 那么分式线性变换总是将圆变为圆, 并且原来关于圆边界的对称点经过变换仍然构成新的圆边界的对称点.

例5.1 变换$w = \dfrac{z - i}{z + i}$将z平面中的上半平面$\text{Im}\, z > 0$变为w平面中的什么区域?

解 该变换将$z = i$变为$w = 0$, 将$z = i$关于直线$\text{Im}\, z = 0$的对称点$z = -i$变为$w = \infty$. 要使$w = 0$和$w = \infty$仍然是对称点, 则直线$\text{Im}\, z = 0$变为一个圆$|w| = r$. 利用$w(0) = -1$可得$r = 1$. 所以变换$w = \dfrac{z - i}{z + i}$将z平面中的$\text{Im}\, z > 0$变为$|w| < 1$. $\square$

例 5.2　求将 z 平面中的右半平面 $\mathrm{Re}\,z > 0$ 变为 w 平面中的单位圆 $|w| < 1$ 的分式线性变换.

解　在 $\mathrm{Re}\,z > 0$ 中任取一点 $z_0 = x_0 + iy_0$，那么它关于边界直线 $\mathrm{Re}\,z = 0$ 的对称点是 $z_0^* = -x_0 + iy_0$，构造

$$w = k\frac{z - z_0}{z - z_0^*}.$$

注意到 $w(iy_0) = -k$，则只需取满足 $|k| = 1$ 的任意复数 k 即可. 因此这种变换有很多，比如可取 $z_0 = 1,\, k = 1$ 得

$$w = \frac{z - 1}{z + 1}.$$

$\square$

例 5.3　求一个保角变换，将单位圆 $|z| < 1$ 变为上半平面 $\mathrm{Im}\,w > 0$.

解　构造

$$w = k\frac{z - 1}{z + 1},$$

则只需 $w(i) = ik$ 是正实数即可，比如取 $k = -i$，那么该变换将上半圆周变为正实轴，逆时针旋转 180°，由保角性质知该变换将下半圆周变为负实轴，所以该变换将单位圆 $|z| < 1$ 变为上半平面 $\mathrm{Im}\,w > 0$.

$\square$

例 5.4　求一个保角变换，将上半单位圆变为上半平面.

解　由上例知变换

$$w_1 = -i\frac{z - 1}{z + 1}$$

将上半单位圆变为 w_1 平面中的第一卦限 $\{w_1 | \mathrm{Re}\,w_1 > 0,\ \mathrm{Im}\,w_1 > 0\}$. 所以变换

$$w = \left(-i\frac{z - 1}{z + 1}\right)^2$$

将上半单位圆变为上半平面 $\mathrm{Im}\,w > 0$.

$\square$

例 5.5　求一个保角变换，将区域 $\{z \,|\, |z| < 2,\ \mathrm{Im}\,z > 1\}$ 变为上半平面.

解　构造变换

$$w_1 = k\frac{z - (\sqrt{3} + i)}{z - (-\sqrt{3} + i)},$$

再取 $w_1(2i) = k\dfrac{-\sqrt{3} + i}{\sqrt{3} + i}$ 为正实数，比如取 $k = \dfrac{\sqrt{3} + i}{-\sqrt{3} + i}$. 最后令 $w = w_1^3$，即

$$w = \left[\frac{\sqrt{3} + i}{-\sqrt{3} + i} \cdot \frac{z - (\sqrt{3} + i)}{z - (-\sqrt{3} + i)}\right]^3.$$

$\square$

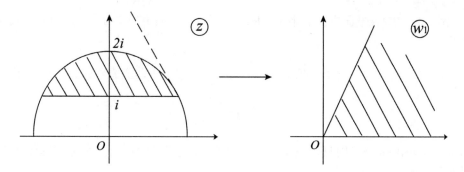

5.5.3 保角变换的应用

我们先介绍如何用保角变换求解二维单连通区域上的格林函数. 二维拉普拉斯方程的基本解

$$\phi(x,y) = \frac{1}{2\pi} \ln \frac{1}{\sqrt{x^2+y^2}}$$

是单位圆上具有齐次Dirichlet边界条件问题的解，即

$$\begin{cases} -\Delta\phi(x,y) = \delta(x,y), & x^2+y^2 < 1, \\ \phi(x,y) = 0, & x^2+y^2 = 1, \end{cases} \tag{5.5.1}$$

利用这一事实，我们可以得到如下定理.

定理 5.3   设D是z平面上的单连通区域，$z = x+iy$, $z_0 = x_0 + iy_0 \in D$.

(1) 如果保角变换$w = w(z;z_0)$将D映为w平面中的单位圆$|w| < 1$并将点z_0映为$w = 0$，则

$$G(z,z_0) = \frac{1}{2\pi} \ln \frac{1}{|w(z;z_0)|}$$

是区域D上的具有齐次Dirichlet边界条件的格林函数，即$G(z,z_0)$满足

$$\begin{cases} -\Delta_z G(z,z_0) = \delta(z-z_0), & z \in D, \ z_0 \in D, \\ G(z,z_0) = 0, & z \in \partial D, \ z_0 \in D. \end{cases} \tag{5.5.2}$$

(2) 如果保角变换$w = w(z)$将区域D映为w平面中的上半平面，则区域D上的带齐次Dirichlet边界条件的格林函数为

$$G(z,z_0) = -\frac{1}{2\pi} \ln \left| \frac{w(z) - w(z_0)}{w(z) - \overline{w(z_0)}} \right|.$$

证明   (1) 先验证边界条件

$$G(z,z_0) \Big|_{z \in \partial D} = \frac{1}{2\pi} \ln \frac{1}{|w(z;z_0)|} \Big|_{|w|=1} = 0,$$

再验证方程，容易看到

$$G(z,z_0) = \frac{1}{2\pi} \ln \frac{1}{|z-z_0|} - \frac{1}{2\pi} \ln \left| \frac{w(z;z_0)}{z-z_0} \right|,$$

所以

$$-\Delta_z G(z, z_0) = \delta(z - z_0) + \Delta\Big(\frac{1}{2\pi}\ln|\frac{w(z;z_0)}{z-z_0}|\Big).$$

令

$$F(z) = \begin{cases} \dfrac{w(z;z_0)}{z-z_0}, & z \neq z_0, \\ \lim\limits_{z \to z_0}\dfrac{w(z;z_0)}{z-z_0} = w'(z_0;z_0), & z = z_0. \end{cases}$$

容易看到$F(z)$在D内解析且$F(z) \neq 0$ $(z \in D)$，所以复合函数$\ln F(z)$在D内解析，这样

$$\operatorname{Re}\ln F(z) = \ln|\frac{w(z;z_0)}{z-z_0}|$$

是D上的调和函数，因而

$$\Delta\Big(\frac{1}{2\pi}\ln|\frac{w(z;z_0)}{z-z_0}|\Big) = 0,$$

故

$$-\Delta_z G(z, z_0) = \delta(z - z_0), \quad z \in D, \ z_0 \in D.$$

(2) 复合变换$\zeta = \dfrac{w(z) - w(z_0)}{w(z) - \overline{w(z_0)}}$将区域$D$映为$\zeta$平面中的单位圆$|\zeta| < 1$并将点$z_0$映为$\zeta = 0$，应用(1)的结论即得. □

例 5.6　求区域$D: 0 < \operatorname{Im}z < \pi$上带齐次Dirichlet边界条件的Green函数.

解　变换$w_1 = e^z$将D映为w_1平面中的上半平面，而$w = k\dfrac{w - w_1}{w - \overline{w_1}}$，$|k| = 1$ 将w_1平面中的上半平面映为w平面中的单位圆，所以复合变换

$$w = k\frac{e^z - e^{z_0}}{e^z - \overline{e^{z_0}}}, \quad |k| = 1,$$

将区域D映为单位圆$|w| < 1$，且将点z_0映为圆心$w = 0$，所以由定理5.3知区域D上的带齐次Dirichlet边界条件的格林函数为

$$G(z, z_0) = -\frac{1}{2\pi}\ln|\frac{e^z - e^{z_0}}{e^z - \overline{e^{z_0}}}|.$$

□

保角变换对直接求解二维区域上的拉普拉斯方程也具有重要作用. 考虑

$$u_{xx} + u_{yy} = 0, \quad (x, y) \in D.$$

令$z = x + iy$，做保角变换$w = f(z) = \xi(x, y) + i\eta(x, y)$，该变换将$z$平面中的区域$D$变为$w$平面中的区域$f(D)$，那么原来的拉普拉斯方程变为什么样子呢？计算得

$$u_{xx} + u_{yy} = |\nabla\xi|^2 u_{\xi\xi} + 2\nabla\xi \cdot \nabla\eta u_{\xi\eta} + |\nabla\eta|^2 u_{\eta\eta} + u_\xi\Delta\xi + u_\eta\Delta\eta.$$

因为$f(z)$解析，所以ξ, η满足Cauchy-Riemann条件

$$\xi_x = \eta_y, \quad \xi_y = -\eta_x,$$

所以

$$\Delta\xi = 0, \ \Delta\eta = 0, \ \nabla\xi \cdot \nabla\eta = 0, \ |\nabla\xi|^2 = |\nabla\eta|^2 = |f'(z)|^2 \neq 0,$$

从而

$$u_{xx} + u_{yy} = |f'(z)|^2(u_{\xi\xi} + u_{\eta\eta}) = 0,$$

所以原方程经过保角变换仍然是拉普拉斯方程. 那么我们只需要选取适当的保角变换$w = f(z)$使得区域$f(D)$变得简单即可以将原问题简化.

例 5.7　求解拉普拉斯方程边值问题

$$\begin{cases} u_{xx} + u_{yy} = 0, & x^2 + y^2 < R^2, \\ u = A, & y = \sqrt{R^2 - x^2}, \quad A为常数, \\ u = 0, & y = -\sqrt{R^2 - x^2}. \end{cases} \tag{5.5.3}$$

解　令$z = x + iy$，做保角变换

$$w = \xi + i\eta = -i\frac{z - R}{z + R},$$

则该变换将圆$|z| < R$变为上半平面$\operatorname{Im} w > 0$，且问题变为

$$\begin{cases} u_{\xi\xi} + u_{\eta\eta} = 0, & \xi \in \mathbb{R}, \ \eta > 0, \\ u(\xi, 0) = A, & \xi \geq 0, \\ u(\xi, 0) = 0, & \xi < 0. \end{cases} \tag{5.5.4}$$

由(5.4.6)知

$$u(\xi, \eta) = \frac{A}{\pi} \int_0^\infty \frac{\eta}{(\xi - s)^2 + \eta^2} \, ds = \frac{A}{\pi}\left(\frac{\pi}{2} + \arctan\frac{\xi}{\eta}\right).$$

因为

$$w = \xi + i\eta = \frac{2Ry}{|R + z|^2} + i\frac{R^2 - x^2 - y^2}{|R + z|^2},$$

所以

$$u(x, y) = \frac{A}{\pi}\left(\frac{\pi}{2} + \arctan\frac{2Ry}{R^2 - x^2 - y^2}\right).$$

$\square$

　　虽然我们在本节中介绍的例子比较简单，但是在实际应用中，运用保角变换的确可以解决一些复杂且有意义的物理问题或者工程问题，比如，平行板电容器的边缘效应问题，空气动力学中的机翼问题，以及某些流体力学问题，有兴趣的读者可以参考文献[11]. 在H.Kober的书 *Dictionary of Conformal Representation* (1957) 中收录了各种主要的保角变换，包括各种初等函数和椭圆函数所代表的保角变换.

5.6 热方程和波动方程的格林函数法

[13]格林函数法是求解位势方程边值问题的重要方法，对于求解Helmholtz方程边值问题也可以采用类似的方法，有兴趣的读者可以参考文献[12, 17]. 如果求解的问题是热方程和波动方程的初边值问题，格林函数法会有哪些不同呢？本节我们就来简要介绍齐次Dirichlet边界条件下热方程和波动方程初边值问题的格林函数法.

先来考虑热方程初边值问题

$$\begin{cases} u_t - \Delta u = f(x,t), & x \in D, t > 0, \\ u(x,t) = 0, & x \in \partial D, t > 0 \\ u(x,0) = \varphi(x), & x \in D. \end{cases} \tag{5.6.1}$$

前面位势方程的格林函数法用到的主要数学工具就是第二格林公式. 记算子

$$L = \partial_t - \Delta,$$

则算子L的共轭算子

$$L^* = -\partial_t - \Delta.$$

仿照第二格林公式的思想，计算

$$(v, Lu) - (u, L^*v) = \int_0^T \int_D v(\partial_t - \Delta)u - u(-\partial_t - \Delta)v \, dx dt$$

$$= \int_0^T \int_D (uv)_t \, dx dt - \int_0^T \int_D v\Delta u - u\Delta v \, dx dt,$$

计算出第一项中关于变量t的积分，再对第二项利用第二格林公式得

$$\int_0^T \int_D v(\partial_t - \Delta)u - u(-\partial_t - \Delta)v \, dx dt$$

$$= \int_D u(x,T)v(x,T) - u(x,0)v(x,0) \, dx - \int_0^T \int_{\partial D} v\frac{\partial u}{\partial n} - u\frac{\partial v}{\partial n} \, dS dt. \tag{5.6.2}$$

结合(5.6.1)和(5.6.2)，我们构造热方程格林函数$G(x,x_0,t,t_0)$，使之满足

$$\begin{cases} -G_t - \Delta G = \delta(x - x_0)\delta(t - t_0), & x \in D, 0 < t < T, \\ G(x,x_0,t,t_0) = 0, & x \in \partial D, 0 < t < T, \\ G(x,x_0,T,t_0) = 0, & x \in D. \end{cases} \tag{5.6.3}$$

其中$x_0 \in D$, $0 < t_0 < T$. 将$u(x,t)$和$G(x,x_0,t,t_0)$代入(5.6.2)得

$$\int_0^T \int_D G(x,x_0,t,t_0)f(x,t) - u(x,t)\delta(x - x_0)\delta(t - t_0) \, dx dt = -\int_D \varphi(x)G(x,x_0,0,t_0) \, dx,$$

所以

$$u(x_0,t_0) = \int_D \varphi(x)G(x,x_0,0,t_0) \, dx + \int_0^T \int_D G(x,x_0,t,t_0)f(x,t) \, dx dt. \tag{5.6.4}$$

观察上述求解过程可以看到, (5.6.2)对建立热方程的格林函数起到了关键作用,

---

[13]本节是选学内容，留给读者自学.

正如第二格林公式在建立位势方程的格林函数起到的作用是一样的. 对于非奇次Dirichlet边界条件和其他类型边界条件的情形，请读者自己构造相应的格林函数并建立求解公式.

现在我们考虑波动方程初边值问题

$$\begin{cases} u_{tt} - \Delta u = f(x,t), & x \in D,\ t > 0, \\ u(x,t) = 0, & x \in \partial D,\ t > 0, \\ u(x,0) = \varphi(x),\ u_t(x,0) = \psi(x), & x \in D. \end{cases} \tag{5.6.5}$$

注意到算子$\partial_{tt} - \Delta$是对称算子(自共轭)，采用与位势方程和热方程的格林函数法类似的想法，计算

$$\int_0^T \int_D v(\partial_{tt} - \Delta)u - u(\partial_{tt} - \Delta)v\,\mathrm{d}x\mathrm{d}t$$

$$= \int_0^T \int_D (vu_t - uv_t)_t\,\mathrm{d}x\mathrm{d}t - \int_0^T \int_D v\Delta u - u\Delta v\,\mathrm{d}x\mathrm{d}t,$$

第一项关于变量t积分，第二项利用第二格林公式得

$$\int_0^T \int_D v(\partial_{tt} - \Delta)u - u(\partial_{tt} - \Delta)v\,\mathrm{d}x\mathrm{d}t$$

$$= \int_D (vu_t - uv_t)(x,T) - (vu_t - uv_t)(x,0)\,\mathrm{d}x - \int_0^T \int_{\partial D} v\frac{\partial u}{\partial n} - u\frac{\partial v}{\partial n}\,\mathrm{d}S\mathrm{d}t. \tag{5.6.6}$$

结合(5.6.5)和(5.6.6)，我们构造波动方程格林函数$G(x,x_0,t,t_0)$，使之满足

$$\begin{cases} G_{tt} - \Delta G = \delta(x - x_0)\delta(t - t_0), & x \in D,\ 0 < t < T, \\ G(x,x_0,t,t_0) = 0, & x \in \partial D,\ 0 < t < T, \\ G(x,x_0,T,t_0) = 0,\ G_t(x,x_0,T,t_0) = 0, & x \in D. \end{cases} \tag{5.6.7}$$

其中$x_0 \in D$, $0 < t_0 < T$. 将波动方程的解$u(x,t)$和格林函数$G(x,x_0,t,t_0)$代入(5.6.6)得

$$\int_0^T \int_D G(x,x_0,t,t_0)f(x,t) - u(x,t)\delta(x - x_0)\delta(t - t_0)\,\mathrm{d}x\mathrm{d}t$$

$$= -\int_D \psi(x)G(x,x_0,0,t_0) - \varphi(x)G_t(x,x_0,0,t_0)\,\mathrm{d}x.$$

所以

$$u(x_0,t_0) = \int_0^T \int_D G(x,x_0,t,t_0)f(x,t)\,\mathrm{d}x\mathrm{d}t + \int_D \psi(x)G(x,x_0,0,t_0) - \varphi(x)G_t(x,x_0,0,t_0)\,\mathrm{d}x. \tag{5.6.8}$$

上面给出了热方程和波方程初边值问题的解和对应的格林函数的关系. 至于如何求解这些格林函数，在一些特殊区域上可以采用傅立叶级数方法(特征函数展开法)求解.

习题五

1. 利用对称性和通量法求二维拉普拉斯方程基本解，即求解

$$-\Delta\phi(x) = \delta(x), \quad x \in \mathbb{R}^2.$$

2. 利用

$$\int_{\mathbb{R}^3} \Delta(\frac{1}{|x|})\,\mathrm{d}x = \lim_{a \to 0} \int_{\mathbb{R}^3} \Delta(\frac{1}{\sqrt{|x|^2 + a^2}})\,\mathrm{d}x,$$

证明

$$-\Delta(\frac{1}{4\pi|x|}) = \delta(x).$$

3. (1) 利用球对称性和公式(5.1.4)求三维Helmholtz方程基本解，即求解

$$\begin{cases} \Delta\phi + k^2\phi = -\delta(x), & x \in \mathbb{R}^3, \ k > 0, \\ \lim\limits_{r \to +\infty} r(\phi_r - ik\phi) = 0, & r = |x|, \end{cases}$$

其中$r = +\infty$处满足的条件称为三维Sommerfield辐射条件，表示波向外传播.

(2) 利用三维Helmholtz方程基本解给出下面问题的解

$$\begin{cases} \Delta u + k^2 u = f(x), & x \in \mathbb{R}^3, \ k > 0, \quad \mathrm{supp}f是有界集, \\ \lim\limits_{r \to +\infty} r(u_r - iku) = 0, & r = |x|. \end{cases}$$

4. 设R是一个$n \times n$正交矩阵 $(R^T R = I)$，定义

$$v(x) := u(Rx) = u(y), \quad x \in \mathbb{R}^n, \ y = Rx.$$

试证明 $\Delta_x v(x) = \Delta_y u(y)$. 该性质称为拉普拉斯算子的旋转不变性.

5. 设区域$D \subset \mathbb{R}^n$具有光滑边界∂D，分别在 $x \in D$, $x \in \partial D$, $x \notin \overline{D}$ 三种情况下，请以$n = 2$为例，利用公式(5.1.4)计算

$$\int_{\partial D} \frac{\partial\phi(x - y)}{\partial n}\,\mathrm{d}S_y.$$

当$n \geq 3$时，也有同样结果，这个结果对于积分方程方法求解位势方程边值问题起到关键作用.

6. 假设单位球上的调和函数$u(r, \theta, \varphi)$满足边界条件$u(1, \theta, \varphi) = \sin^2\theta$, (1) 该调和函数的最大值和最小值分别是多少？ (2) 利用调和函数均值公式求u在原点的值.

7. 假设区域$D \subset \mathbf{R}^n$，对$n = 2, 3$的情况，利用$G(x, y)$在$y = x$处的渐近性质(5.3.10)，证明：$\forall x \in D, \ G(x, \cdot) \in L^2(D)$.

8. 考虑泊松方程Robin边值问题

$$\begin{cases} -\Delta u = f, & x \in D, \\ \frac{\partial u}{\partial n} + \sigma u = g, & x \in \partial D, \end{cases}$$

其中常数 $\sigma > 0$. 利用第一格林公式说明该方程解以及对应格林函数的唯一性.

9. 考虑泊松方程混合边值问题
$$\begin{cases} -\Delta u = f, & x \in D, \\ u = g, \ x \in \Gamma_1, \quad \dfrac{\partial u}{\partial n} = h, \ x \in \Gamma_2, \quad \partial D = \Gamma_1 + \Gamma_2. \end{cases}$$
给出该问题对应的格林函数满足的方程和边界条件，并利用该格林函数给出问题解的积分表达式.

10. 用镜像法构造下面问题对应的格林函数并求解.
$$\begin{cases} -\Delta u = 0, & x \in \mathbb{R}^3_+, \\ u_{x_3}(x_1, x_2, 0) = h(x_1, x_2), & (x_1, x_2) \in \mathbb{R}^2, \\ u(x) = 0, & |x| = \infty. \end{cases}$$

11. 用镜像法构造下面问题对应的格林函数.
$$\begin{cases} u_{xx} + u_{yy} = 0, & x > 0, \ y > 0, \\ u(x, 0) = \varphi(x), & x \geq 0, \\ u(0, y) = \psi(y), & y \geq 0, \\ u(x, y) = 0, & x^2 + y^2 = \infty. \end{cases}$$

12. 用镜像法构造半圆 $D = \{(x,y) \mid x^2 + y^2 < R^2, \ y > 0\}$ 上满足Dirichlet边值条件的拉普拉斯方程的格林函数. 并请读者思考三维情况下上半球的格林函数如何构造.

13. 用镜像法构造半空间 $\{x = (x_1, x_2, x_3), \ x_1 + x_2 + x_3 > 0\}$ 上满足Dirichlet边值条件的格林函数.

14. 推导(5.4.13)和(5.4.14).

15. 用特征函数展开法求解方形区域 $D = \{(x,y) \mid (x,y) \in (0, \pi)^2\}$ 上的拉普拉斯方程满足Dirichlet边值条件的格林函数.

16. 变换 $w = \dfrac{2z - i}{2 + iz}$ 将上半单位圆 D: $|z| < 1$, $\text{Im}\, z > 0$ 变成 w 平面中的什么区域?

17. 求一个保角变换，将区域 $\{z \mid |z| < 1, \ |z + \sqrt{3}i| > 2\}$ 变为上半平面.

18. 求一个保角变换，将区域 $\{z \mid |z| < R, \ 0 < \arg z < \pi/3\}$ 变为上半平面.

19. 利用保角变换，求角形区域 $0 < \arg z < \pi/3$ 上的带有齐次Dirichlet边界条件的格林函数.

20. 利用保角变换，求解角形区域上的拉普拉斯方程边值问题
$$\begin{cases} u_{xx} + u_{yy} = 0, & x > 0, \ 0 < y < x, \\ u(x, 0) = A, \ 0 \leq x \leq 1, & u(x, 0) = 0, \ x > 1, \\ u(x, x) = A, \ 0 \leq x \leq \dfrac{1}{\sqrt{2}}, & u(x, x) = 0, \ x > \dfrac{1}{\sqrt{2}}. \end{cases}$$

第6章 特殊函数及其应用

本章是第2章第6节傅立叶级数方法解高维问题的继续，我们将用分离变量法来求解鼓面振动和球内的固态振动问题. 在求解过程中，我们会遇到两类重要的特殊函数，贝塞尔函数和勒让德函数.

6.1 贝塞尔函数及其应用

6.1.1 鼓面振动与贝塞尔方程

区域 D: $x^2 + y^2 < a^2$, 考虑鼓面振动问题

$$
\begin{cases}
u_{tt} = c^2(u_{xx} + u_{yy}), & (x,y) \in D,\ t > 0, \\
u(x,y,t) = 0, & (x,y) \in \partial D,\ t \geq 0, \\
u(x,y,0) = \varphi(x,y),\ u_t(x,y,0) = \psi(x,y), & (x,y) \in D.
\end{cases} \tag{6.1.1}
$$

令

$$
u(x,y,t) = \phi(x,y)T(t),
$$

代入方程(6.1.1)得

$$
T''(t)\phi(x,y) = c^2 T(t)\Delta\phi(x,y),
$$

变量分离得

$$
\frac{T''(t)}{c^2 T(t)} = \frac{\Delta\phi(x,y)}{\phi(x,y)} = -\lambda,
$$

其中 λ 为常数，结合边界条件得到特征值问题

$$
\begin{cases}
\Delta\phi(x,y) + \lambda\phi(x,y) = 0, & (x,y) \in D, \\
\phi(x,y) = 0, & (x,y) \in \partial D.
\end{cases} \tag{6.1.2}
$$

在方程的两边乘 $\phi(x,y)$ 并在 D 上积分得

$$
\iint_D \phi\Delta\phi\,\mathrm{d}x\mathrm{d}y + \lambda\iint_D \phi^2\,\mathrm{d}x\mathrm{d}y = 0,
$$

利用第一格林公式知

$$
\lambda\iint_D \phi^2\,\mathrm{d}x\mathrm{d}y = \iint_D |\nabla\phi|^2\,\mathrm{d}x\mathrm{d}y,
$$

由此可知特征值 $\lambda > 0$. 与第2章第6节的方法类似，我们用分离变量法来求解该特征值问题，由于此问题的区域是圆形区域，所以我们采用极坐标来分离变量. 令 $\phi(r,\theta) = R(r)\Theta(\theta)$，代入得

$$
R''(r)\Theta(\theta) + \frac{1}{r}R'(r)\Theta(\theta) + \frac{1}{r^2}R(r)\Theta''(\theta) + \lambda R(r)\Theta(\theta) = 0,
$$

变量分离得

$$\frac{r^2 R'' + r R'}{R} + \lambda r^2 = -\frac{\Theta''}{\Theta} = \gamma, \tag{6.1.3}$$

其中 γ 为常数,结合周期条件得到子特征值问题(I)

$$\begin{cases} \Theta''(\theta) + \gamma \Theta(\theta) = 0, \\ \Theta(\theta) = \Theta(\theta + 2\pi). \end{cases} \tag{6.1.4}$$

解得特征值为

$$\gamma_n = n^2, \quad n = 0, 1, 2, \cdots,$$

对应的特征函数是

$$\Theta_0 = 1, \quad \Theta_n = A_n \cos n\theta + B_n \sin n\theta.$$

将此结果代入(6.1.3)得子特征值问题(II)

$$\begin{cases} r^2 R''(r) + r R'(r) + (\lambda r^2 - n^2) R(r) = 0, \quad 0 < r < a, \\ |R(0)| < \infty, \quad R(a) = 0. \end{cases} \tag{6.1.5}$$

令 $\rho = \sqrt{\lambda} r$,则

$$\rho^2 R_{\rho\rho} + \rho R_\rho + (\rho^2 - n^2) R = 0, \quad \rho > 0. \tag{6.1.6}$$

方程(6.1.6)是一个二阶常微分方程,称为 n 阶贝塞尔方程,如果能解出贝塞尔方程的通解,就可以解出子特征值问题(II).

6.1.2　贝塞尔函数

现在求解一般的 ν 阶贝塞尔方程(Bessel's equation)

$$x^2 y'' + x y' + (x^2 - \nu^2) y = 0, \quad \nu \geq 0. \tag{6.1.7}$$

这是一个变系数的二阶齐次常微分方程,求解它的基本想法是:设解

$$y = \sum_{k=0}^{\infty} a_k x^{k+\alpha}, \quad a_0 \neq 0,$$

代入方程求出 α, a_k, $k = 0, 1, 2, \cdots$.

计算得

$$y'(x) = \sum_{k=0}^{\infty} a_k (k+\alpha) x^{k+\alpha-1}, \quad y''(x) = \sum_{k=0}^{\infty} a_k (k+\alpha)(k+\alpha-1) x^{k+\alpha-2},$$

代入方程(6.1.7)并化简得

$$(\alpha^2 - \nu^2) a_0 x^\alpha + [(\alpha+1)^2 - \nu^2] a_1 x^{\alpha+1} + \sum_{k=2}^{\infty} \left([(k+\alpha)^2 - \nu^2] a_k + a_{k-2} \right) x^{k+\alpha} = 0.$$

所以

(1)　$(\alpha^2 - \nu^2) a_0 = 0$,　　(2)　$[(\alpha+1)^2 - \nu^2] a_1 = 0$,

(3)　$[(k+\alpha)^2 - \nu^2] a_k + a_{k-2} = 0$, $k = 2, 3, \cdots$.

由(1)知，$\alpha = \pm v$. 先考虑$\alpha = v$的情况，代入(2)得$a_1 = 0$. 由(3)得递推公式

$$a_k = -\frac{a_{k-2}}{(k+v)^2 - v^2},$$

所以当k是奇数时，$a_k = 0$. 当$k = 2j$是偶数时，

$$a_{2j} = -\frac{a_{2(j-1)}}{4j(j+v)} = \cdots = \frac{(-1)^j a_0}{4^j j! (1+v) \cdots (j+v)},$$

为了方便，不妨取

$$a_0 = \frac{1}{2^\alpha \Gamma(1+v)},$$

则

$$a_{2j} = \frac{(-1)^j}{2^{2j+v} j! \Gamma(j+v+1)}.$$

这样得到方程的一个解

$$J_v(x) = \sum_{j=0}^{\infty} \frac{(-1)^j}{j! \Gamma(j+v+1)} \left(\frac{x}{2}\right)^{2j+v}, \quad v \geq 0. \tag{6.1.8}$$

我们将函数$J_v(x)$称为第一类v阶贝塞尔函数.

当$\alpha = -v$时，同样可以推出$J_{-v}(x)$也是方程的一个解. 容易看到当v不是整数时，$J_v(x)$与$J_{-v}(x)$线性无关，这是因为

$$x \to 0, \quad J_v(x) \sim \frac{x^v}{2^v \Gamma(v+1)}, \quad J_{-v}(x) \sim \frac{x^{-v}}{2^{-v} \Gamma(-v+1)}.$$

当$v = n$是正整数时，注意到$\Gamma(j-n+1) = \infty, \ j = 0, 1, \cdots, n-1$, 则

$$J_{-n}(x) = \sum_{j=0}^{\infty} \frac{(-1)^j}{j! \Gamma(j-n+1)} \left(\frac{x}{2}\right)^{2j-n} = \sum_{j=n}^{\infty} \frac{(-1)^j}{j! \Gamma(j-n+1)} \left(\frac{x}{2}\right)^{2j-n}$$

$$= \sum_{m=0}^{\infty} \frac{(-1)^{m+n}}{(m+n)! \Gamma(m+1)} \left(\frac{x}{2}\right)^{2m+n} = (-1)^n \sum_{m=0}^{\infty} \frac{(-1)^m}{m! \Gamma(m+n+1)} \left(\frac{x}{2}\right)^{2m+n} = (-1)^n J_n(x).$$

此时为了寻找方程的两个线性无关的解，我们需要引入第二类贝塞尔函数$Y_v(x)$, 也称为Neumann函数. 定义

$$Y_v(x) = \frac{\cos \pi v \cdot J_v(x) - J_{-v}(x)}{\sin \pi v}, \ v \notin \mathbb{Z}, \quad Y_n(x) = \lim_{v \to n} Y_v(x), \ n \in \mathbb{Z}. \tag{6.1.9}$$

可以看到，当v不是整数时，$Y_v(x)$是$J_v(x)$与$J_{-v}(x)$的线性组合，因而$Y_v(x)$与$J_v(x)$线性无关. 而当$v = n$是整数时，经过冗长的计算(具体计算过程见附录D)，可以得到

$$x \to 0, \quad Y_n(x) \sim -\frac{(n-1)!}{\pi} \left(\frac{x}{2}\right)^{-n}, \ n \in \mathbb{Z}^+, \quad Y_0(x) \sim \frac{2}{\pi} \ln \frac{x}{2},$$

又因为$Y_{-n}(x) = (-1)^n Y_n(x)$, 所以

$$\forall n \in \mathbb{Z}, \quad Y_n(0) = \infty.$$

注意到$J_0(0) = 1, J_n(0) = 0, n \neq 0$, 所以$J_n(x)$与$Y_n(x)$线性无关. 综上所述，$v$阶贝塞尔方程(6.1.7)的通解为

$$y(x) = C_1 J_v(x) + C_2 Y_v(x). \tag{6.1.10}$$

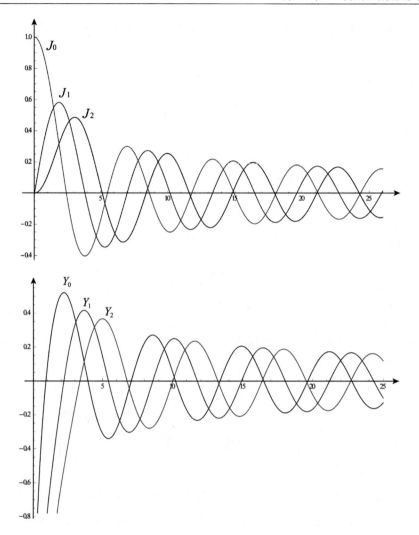

6.1.3 贝塞尔函数的性质

1. 贝塞尔函数的零点分布: 如图所示, $J_v(x)$有无穷多个单重正零点, 记为

$$0 < \mu_1^{(v)} < \mu_2^{(v)} < \cdots < \mu_k^{(v)} < \cdots.$$

在$J_v(x)$的两个相邻的零点间有$J_{v+1}(x)$的一个零点, 反之在$J_{v+1}(x)$的两个相邻的零点间也有$J_v(x)$的一个零点. 因而我们称$J_v(x)$和$J_{v+1}(x)$ 的零点是相互分隔的. 利用数学软件Mathematica可以方便地求出贝塞尔函数的零点.

2. 贝塞尔函数的渐近行为: 当$x \to +\infty$, $J_v(x)$的图形像一条衰减的余弦曲线, 即

$$J_v(x) = \sqrt{\frac{2}{\pi x}} \cos(x - \frac{\pi v}{2} - \frac{\pi}{4}) + O(\frac{1}{x^{3/2}}).$$

类似地，当 $x \to +\infty$，$Y_\nu(x)$ 的图形像一条衰减的正弦曲线，即

$$Y_\nu(x) = \sqrt{\frac{2}{\pi x}} \sin(x - \frac{\pi \nu}{2} - \frac{\pi}{4}) + O(\frac{1}{x^{3/2}}).$$

3. 利用 $J_\nu(x)$ 的级数表达式可以验证 $J_\nu(x)$ 有如下递推公式

$$(\mathrm{I}) \quad \begin{cases} (x^\nu J_\nu)' = x^\nu J_{\nu-1}, \\ (x^{-\nu} J_\nu)' = -x^{-\nu} J_{\nu+1}. \end{cases} \tag{6.1.11}$$

将上面的递推公式变形可得另外两组递推公式

$$(\mathrm{II}) \quad \begin{cases} x J_{\nu-1} = \nu J_\nu + x J_\nu', \\ x J_{\nu+1} = \nu J_\nu - x J_\nu'. \end{cases} \tag{6.1.12}$$

$$(\mathrm{III}) \quad \begin{cases} x J_{\nu-1} + x J_{\nu+1} = 2\nu J_\nu, \\ J_{\nu-1} - J_{\nu+1} = 2 J_\nu'. \end{cases} \tag{6.1.13}$$

例 6.1　利用递推公式 (I) 计算形如 $\int x^m J_n(x)\,\mathrm{d}x$ 的不定积分，并总结计算规律.

(1) $\int x^3 J_{-2}(x)\,\mathrm{d}x, \qquad \int x^3 J_0(x)\,\mathrm{d}x.$

(2) $\int x J_2(x)\,\mathrm{d}x, \qquad \int J_3(x)\,\mathrm{d}x.$

解　**(1)** $\int x^3 J_{-2}(x)\,\mathrm{d}x = \int x^3 J_2(x)\,\mathrm{d}x = x^3 J_3(x) + C,$

$$\int x^3 J_0(x)\,\mathrm{d}x = \int x^2 \,\mathrm{d}(x J_1(x)) = x^3 J_1(x) - 2\int x^2 J_1(x)\,\mathrm{d}x = x^3 J_1(x) - 2x^2 J_2(x) + C.$$

(2)

$$\int x J_2(x)\,\mathrm{d}x = -\int x^2 \,\mathrm{d}(x^{-1} J_1(x)) = -x J_1(x) + 2\int J_1(x)\,\mathrm{d}x = -x J_1(x) - 2 J_0(x) + C,$$

$$\int J_3(x)\,\mathrm{d}x = -\int x^2 \,\mathrm{d}(x^{-2} J_2(x)) = -J_2(x) + 2\int x^{-1} J_2(x)\,\mathrm{d}x = -J_2(x) - 2x^{-1} J_1(x) + C.$$

$\square$

4. 贝塞尔函数系的完备正交性与模值

前面我们提到贝塞尔函数在求解特征值问题 (6.1.5) 时起到关键作用. 现在我们先来讨论 Dirichlet 边界条件下的特征值问题

$$\begin{cases} x^2 y'' + x y' + (\lambda x^2 - \nu^2) y = 0, & 0 < x < a, \\ |y(0)| < \infty, \quad y(a) = 0. \end{cases} \tag{6.1.14}$$

由方程 (6.1.14) 与贝塞尔方程的关系得到方程 (6.1.14) 的通解为

$$y(x) = A J_\nu(\sqrt{\lambda}x) + B Y_\nu(\sqrt{\lambda}x),$$

因为 $|y(0)| < \infty$ 可得 $B = 0$，又因为 $y(a) = 0$，所以 $J_\nu(\sqrt{\lambda}a) = 0$. 记 $\mu_k^{(\nu)}$ 是 J_ν 的第 k 个正

零点, 则 $\sqrt{\lambda}a = \mu_k^{(v)}$, 这样该特征值问题的结果是

$$e.v. \ \lambda_k = \left(\frac{\mu_k^{(v)}}{a}\right)^2, \quad e.f. \ y_k = J_v\left(\frac{\mu_k^{(v)}}{a}x\right), \quad k = 1, 2, \cdots.$$

现在我们来考虑特征函数系 $\{J_v(\frac{\mu_k^{(v)}}{a}x)\}_1^\infty$ 的完备正交性. 将方程改写为定理2.6中方程 $(rf')' + pf + \lambda\omega f = 0$ 的形式, 即

$$(xy')' - \frac{v^2}{x}y + \lambda xy = 0, \quad 0 < x < a, \quad y(a) = 0, \tag{6.1.15}$$

注意到

$$r(0) = 0, \quad p(0) = \infty,$$

将上述特征值问题(6.1.14)称为奇异特征值问题(Singular Sturm-Liouville problem), 加上边界条件 $|y(0)| < \infty$ 后, 该问题的结论与一般的特征值问题结论一致[12, 14]. 用定理2.6类似地讨论可知, 此处的算子

$$Lf = (xf')' - \frac{v^2}{x}f$$

是自共轭算子, 因而其特征函数系 $\{J_v(\frac{\mu_k^{(v)}}{a}x)\}_1^\infty$ 加权正交, 权函数为 x, 且该特征函数系构成加权平方可积空间 $L_x^2[0, a]$ 的一组基.

注 6.1   考虑特征值问题

$$(rf')' + pf + \lambda\omega f = 0, \quad x \in (a, b), \quad B.C.,$$

如果遇到如下情况, (1) $r(a) = 0$ 或 $r(b) = 0$, (2) r, p, ω 中有一个或多个在端点 a 或 b 处为 ∞, (3) $a = -\infty$ 或 $b = +\infty$, 则称该问题为奇异特征值问题. 一般求解奇异特征值问题时, 奇异端点处的边界条件要取为自然边界条件. 奇异特征值的一般理论超出了本课程的要求, 有兴趣的读者可以参考文献[10, 14].

有了完备正交性, 我们还需要考虑特征函数在 $L_x^2[0, a]$ 中的模值(范数). 为此, 我们先证明

$$\int_0^a xJ_v^2(x)\,dx = \frac{a^2}{2}[J_v'(a)]^2 + \frac{1}{2}(a^2 - v^2)J_v^2(a). \tag{6.1.16}$$

证明   函数 $J_v(x)$ 满足方程

$$x^2y'' + xy' + (x^2 - v^2)y = 0,$$

将方程变形为

$$(xy')' + \left(x - \frac{v^2}{x}\right)y = 0,$$

两边同乘以 $2xy'$ 得

$$2xy' \cdot (xy')' + (x^2 - v^2)2yy' = 0,$$

变形为

$$[(xy')^2 + (x^2 - v^2)y^2]' = 2xy^2.$$

上式在$[0,a]$上积分得
$$2\int_0^a xy^2\,\mathrm{d}x = \left[(xy')^2 + (x^2-v^2)y^2\right]_0^a,$$
注意到$J_v(0)=0$, $v>0$, 所以
$$\int_0^a xJ_v^2(x)\,\mathrm{d}x = \frac{a^2}{2}[J_v'(a)]^2 + \frac{1}{2}(a^2-v^2)J_v^2(a).$$

$\square$

计算模值
$$\int_0^a xJ_v^2\left(\frac{\mu_k^{(v)}}{a}x\right)\mathrm{d}x = \frac{a^2}{(\mu_k^{(v)})^2}\int_0^{\mu_k^{(v)}} tJ_v^2(t)\,\mathrm{d}t \quad (t=\frac{\mu_k^{(v)}}{a}x),$$
应用(6.1.16)和(6.1.12), 即得
$$\int_0^a xJ_v^2\left(\frac{\mu_k^{(v)}}{a}x\right)\mathrm{d}x = \frac{a^2}{2}J_v'^2(\mu_k^{(v)}) = \frac{a^2}{2}J_{v\pm1}^2(\mu_k^{(v)}). \tag{6.1.17}$$

再来考虑Neumann边界条件下的特征值问题
$$\begin{cases} x^2y'' + xy' + (\lambda x^2 - v^2)y = 0, & 0 < x < a, \\ |y(0)| < \infty, & y'(a) = 0. \end{cases} \tag{6.1.18}$$

此时可以证明特征值$\lambda \geq 0$. 当$\lambda > 0$时, 方程的通解为
$$y(x) = AJ_v(\sqrt{\lambda}x) + BY_v(\sqrt{\lambda}x),$$
因为$|y(0)| < \infty$可得$B=0$, 又因为$y'(a)=0$, 所以$\sqrt{\lambda}J_v'(\sqrt{\lambda}a)=0$. 记$\widehat{\mu}_k^{(v)}$是$J_v'$的第$k$个正零点, 则$\sqrt{\lambda}a = \widehat{\mu}_k^{(v)}$, 所以$\lambda > 0$时,
$$e.v.\ \lambda_k = \left(\frac{\widehat{\mu}_k^{(v)}}{a}\right)^2, \quad e.f.\ J_v\left(\frac{\widehat{\mu}_k^{(v)}}{a}x\right), \quad k=1,2,\cdots.$$
当$\lambda=0$时, 方程变为欧拉方程
$$x^2y'' + xy' - v^2y = 0,$$
如果$v=0$, 则通解为$y=C_0 + D_0\ln x$; 如果$v>0$, 则通解为$y=Cx^v + Dx^{-v}$. 因为$|y(0)| < \infty$可得$D=D_0=0$, 又因为$y'(a)=0$, 所以$v>0$时, $\lambda=0$不是特征值, 而$v=0$时, $\lambda=0$是特征值, 对应的特征函数为1. 综上所述, 特征值问题(6.1.18)的结果如下:

- $v>0$的情况,
$$e.v.\ \lambda_k = \left(\frac{\widehat{\mu}_k^{(v)}}{a}\right)^2, \quad e.f.\ y_k = J_v\left(\frac{\widehat{\mu}_k^{(v)}}{a}x\right), \quad k=1,2,\cdots.$$

- $v=0$的情况,
$$e.v.\ \lambda_0 = 0,\ \lambda_k = \left(\frac{\widehat{\mu}_k^{(0)}}{a}\right)^2, \quad e.f.\ y_0 = 1,\ y_k = J_0\left(\frac{\widehat{\mu}_k^{(0)}}{a}x\right), \quad k=1,2,\cdots.$$

用前面的方法同样可以说明Neumann边界条件下的特征函数系构成加权平方可积空

间$L_x^2[0,a]$的一组正交基. 此时, 特征函数的模值为

$$\int_0^a x1^2\,\mathrm{d}x = \frac{a^2}{2}, \qquad \int_0^a xJ_v^2(\frac{\widehat{\mu}_k^{(v)}}{a}x)\,\mathrm{d}x = \frac{a^2}{2}\big(1 - \frac{v^2}{(\widehat{\mu}_k^{(v)})^2}\big)J_v^2(\widehat{\mu}_k^{(v)}). \tag{6.1.19}$$

利用(6.1.6)可以计算出该模值, 具体计算过程留给读者.

6.1.4　贝塞尔级数

前面提到白共轭算子的特征函数系

$$\{\phi_k(x) = J_v(\frac{\mu_k^{(v)}}{a}x),\ k = 1, 2, \cdots\}$$

构成加权平方可积空间$L_x^2[0,a]$的一组加权正交基, 所以对任意的$f \in L_x^2[0,a]$可以展开为下面的贝塞尔级数

$$f(x) = \sum_1^\infty c_k\phi_k(x), \tag{6.1.20}$$

其中

$$c_k = \frac{1}{\|\phi_k\|_{L_x^2[0,a]}^2}\int_0^a xf(x)\phi_k(x)\,\mathrm{d}x, \quad k = 1, 2, \cdots$$

称为贝塞尔系数. 函数$f(x)$的贝塞尔级数在$L_x^2[0,a]$中收敛于$f(x)$, 至于贝塞尔级数的逐点收敛性和一致收敛性与傅立叶级数的结论类似, 不再细述.

例 6.2　设μ_k, $k = 1, 2, \cdots$是$J_0(x)$的所有正零点, 请将$f(x) = 1$在区间$[0,1]$上展开为$\{J_0(\mu_k x)\}_1^\infty$的贝塞尔级数.

解　设

$$f(x) = \sum_1^\infty A_kJ_0(\mu_k x),$$

其中贝塞尔系数

$$A_k = \frac{\int_0^1 xf(x)J_0(\mu_k x)\,\mathrm{d}x}{\int_0^1 xJ_0^2(\mu_k x)\,\mathrm{d}x} = \frac{\int_0^{\mu_k} tJ_0(t)\,\mathrm{d}t}{\mu_k^2 \cdot \frac{1}{2}J_1^2(\mu_k)} = \frac{2}{\mu_k J_1(\mu_k)}.$$

　　　　　　　　　　　　　　　　　　　　　　　　　　　　　　□

6.1.5　半整数阶贝塞尔函数

考虑贝塞尔方程

$$x^2y'' + xy' + (x^2 - v^2)y = 0,$$

令$u = \sqrt{x}y$, 则

$$u'' + (1 - \frac{v^2 - 1/4}{x^2})u = 0.$$

当$v = 1/2$时, $u'' + u = 0$, 所以$u = A\cos x + B\sin x$, 从而

$$y = \frac{A}{\sqrt{x}}\cos x + \frac{B}{\sqrt{x}}\sin x,$$

因为 $J_{1/2}(0)$ 有界，所以 $A=0$，由 (6.1.8) 知，$B=\lim_{x\to 0}J_{1/2}(x)/\sqrt{x}=\sqrt{\frac{2}{\pi}}$，即

$$J_{1/2}(x)=\sqrt{\frac{2}{\pi x}}\sin x,$$

类似可得

$$J_{-1/2}(x)=\sqrt{\frac{2}{\pi x}}\cos x.$$

由递推公式 III：$J_{\nu\pm 1}=\frac{2\nu}{x}J_\nu-J_{\nu\mp 1}$ 得

$$J_{3/2}(x)=\sqrt{\frac{2}{\pi x}}\Big(\frac{\sin x}{x}-\cos x\Big),$$

$$J_{-3/2}(x)=-\sqrt{\frac{2}{\pi x}}\Big(\frac{\cos x}{x}+\sin x\Big),$$

一般地，利用 $\sin x,\cos x$ 的幂级数展开式，可以证明

$$J_{n+1/2}(x)=(-1)^n\sqrt{\frac{2}{\pi}}x^{n+1/2}\Big(\frac{1}{x}\frac{\mathrm{d}}{\mathrm{d}x}\Big)^n\frac{\sin x}{x},$$

$$J_{-n-1/2}(x)=\sqrt{\frac{2}{\pi}}x^{n+1/2}\Big(\frac{1}{x}\frac{\mathrm{d}}{\mathrm{d}x}\Big)^n\frac{\cos x}{x}. \tag{6.1.21}$$

从 (6.1.21) 可以看到半整数阶的第一类贝塞尔函数都是初等函数. 在求解拉普拉斯算子在球体上的特征值问题时，它们会起到重要作用，详见例 6.7.

6.1.6　$J_n(x)$ 的生成函数

考虑函数

$$e^{\frac{x}{2}(z-\frac{1}{z})}=e^{\frac{xz}{2}}e^{-\frac{x}{2z}},$$

利用指数函数的级数表达式得

$$e^{\frac{xz}{2}}e^{-\frac{x}{2z}}=\Big(\sum_{j=0}^{\infty}\frac{1}{j!}(\frac{xz}{2})^j\Big)\cdot\Big(\sum_{k=0}^{\infty}\frac{1}{k!}(-\frac{x}{2z})^k\Big)=\sum_{j=0}^{\infty}\sum_{k=0}^{\infty}\frac{(-1)^k}{j!k!}(\frac{x}{2})^{j+k}z^{j-k},$$

令 $j-k=n$，则

$$e^{\frac{x}{2}(z-\frac{1}{z})}=\sum_{n=-\infty}^{\infty}\Big(\sum_{k=0}^{\infty}\frac{(-1)^k}{(n+k)!k!}(\frac{x}{2})^{n+2k}\Big)z^n,$$

所以

$$e^{\frac{1}{2}x(z-\frac{1}{z})}=\sum_{-\infty}^{\infty}J_n(x)z^n. \tag{6.1.22}$$

称等式左端的函数为 $J_n(x)$ 的生成函数 (generating function)，即 $J_n(x)$ 是其生成函数的幂级数的系数.

令 $z=e^{i\theta}$，代入生成函数得

$$e^{ix\sin\theta}=\sum_{-\infty}^{\infty}J_n(x)e^{in\theta}, \tag{6.1.23}$$

即将函数$e^{ix\sin\theta}$做变量θ的复傅立叶级数展开，其傅立叶系数为$J_n(x)$. 从而

$$J_n(x) = \frac{1}{2\pi}\int_{-\pi}^{\pi} e^{ix\sin\theta}\cdot e^{-in\theta}\,\mathrm{d}\theta = \frac{1}{2\pi}\int_{-\pi}^{\pi} e^{i(x\sin\theta - n\theta)}\,\mathrm{d}\theta,$$

特别地

$$J_0(x) = \frac{1}{2\pi}\int_{-\pi}^{\pi} e^{ix\sin\theta}\,\mathrm{d}\theta.$$

这就是$J_n(x)$, $J_0(x)$的积分表示.

在生成函数中取 $x = kr$, $z = ie^{i\theta}$ 得

$$e^{ikr\cos\theta} = \sum_{-\infty}^{\infty} J_n(kr)i^n e^{in\theta} = J_0(kr) + 2\sum_{1}^{\infty} i^n J_n(kr)\cos n\theta.$$

将上式中的r, θ看成极坐标中的变量，将k看成波数，同时取相位的时间因子为$e^{-i\omega t}$，则上式两端分别对应于波动过程相位因子的空间部分：左端是沿x轴正向传播的平面波，而右端各项中的$J_n(kr)$表示的是柱面波. 因此，上式的物理意义就是平面波按柱面波展开.

6.1.7 贝塞尔函数的应用

例 6.3 设D: $x^2 + y^2 < a^2$，求解鼓面振动问题

$$\begin{cases} u_{tt} = c^2(u_{xx} + u_{yy}), & (x,y)\in D,\ t > 0, \\ u(x,y,t) = 0, & (x,y)\in\partial D,\ t\geq 0, \\ u(x,y,0) = 1 - \dfrac{x^2+y^2}{a^2}, \ u_t(x,y,0) = 0, & (x,y)\in D. \end{cases} \tag{6.1.24}$$

解 初值数据只与极坐标变量r有关，所以$u(x,y,t)$与极坐标变量θ无关，可以简写为$u(r,t)$. 令$u(r,t) = R(r)T(t)$，代入方程得

$$T''(t)R(r) = c^2 T(t)\left[R''(r) + \frac{1}{r}R'(r)\right],$$

变量分离得

$$\frac{T''(t)}{c^2 T(t)} = \frac{R''(r) + \frac{1}{r}R'(r)}{R(r)} = -\lambda,$$

其中λ为常数. 结合边界条件得特征值问题

$$\begin{cases} r^2 R'' + rR' + \lambda r^2 R = 0, & 0 < r < a, \\ |R(0)| < \infty, \quad R(a) = 0. \end{cases} \tag{6.1.25}$$

该方程通解为

$$R(r) = A J_0(\sqrt{\lambda}r) + B Y_0(\sqrt{\lambda}r),$$

因为$|R(0)| < \infty$，所以$B = 0$，又因为$R(a) = 0$，所以$J_0(\sqrt{\lambda}a) = 0$. 记μ_k是$J_0(x)$的第k个正零点，则$\sqrt{\lambda}a = \mu_k$，所以

$$e.v.\ \lambda_k = \left(\frac{\mu_k}{a}\right)^2, \quad e.f.\ R_k(r) = J_0\left(\frac{\mu_k}{a}r\right), \quad k = 1,2,\cdots.$$

代入 t 的方程得

$$T''(t) + c^2 \lambda_k T(t) = 0, \quad T'(0) = 0,$$

解得

$$T_k(t) = \cos \frac{c\mu_k t}{a}.$$

令

$$u(r,t) = \sum_1^\infty A_k \cos \frac{c\mu_k t}{a} J_0(\frac{\mu_k}{a} r),$$

代入初值得

$$1 - \frac{r^2}{a^2} = \sum_1^\infty A_k J_0(\frac{\mu_k}{a} r),$$

所以

$$A_k = \frac{\int_0^a r(1 - r^2/a^2) J_0(\frac{\mu_k}{a} r)\, \mathrm{d}r}{\int_0^a r J_0^2(\frac{\mu_k}{a} r)\, \mathrm{d}r} = \frac{2a^2 J_2(\mu_k)/\mu_k^2}{a^2 J_1^2(\mu_k)/2} = \frac{4 J_2(\mu_k)}{\mu_k^2 J_1^2(\mu_k)}.$$

$\square$

例 6.4 　求解圆柱区域 $D = \{(r,\theta,z)|\, 0 \le r < a,\, 0 < z < l\}$ 上的拉普拉斯方程边值问题

$$\begin{cases} u_{rr} + \dfrac{1}{r} u_r + \dfrac{1}{r^2} u_{\theta\theta} + u_{zz} = 0, & (r,\theta,z) \in D, \\ u(a,\theta,z) = 0, \quad u(r,\theta,0) = 0, \quad u(r,\theta,l) = g(r)\sin\theta. \end{cases} \tag{6.1.26}$$

解 　令 $u(r,\theta,z) = \phi(r,\theta) Z(z)$，代入方程得

$$\Delta\phi(r,\theta) Z(z) + \phi(r,\theta) Z''(z) = 0,$$

分离变量得

$$-\frac{Z''(z)}{Z(z)} = \frac{\Delta\phi(r,\theta)}{\phi(r,\theta)} = -\lambda,$$

其中 λ 为常数. 结合边界条件得特征值问题

$$\begin{cases} \Delta\phi(r,\theta) + \lambda\phi(r,\theta) = 0, & 0 \le r < a, \\ \phi(a,\theta) = 0. \end{cases} \tag{6.1.27}$$

继续分离变量，令 $\phi(r,\theta) = R(r)\Theta(\theta)$，代入得

$$R''(r)\Theta(\theta) + \frac{1}{r} R'(r)\Theta(\theta) + \frac{1}{r^2} R(r)\Theta''(\theta) + \lambda R(r)\Theta(\theta) = 0,$$

变量分离得

$$\frac{r^2 R'' + rR'}{R} + \lambda r^2 = -\frac{\Theta''}{\Theta} = \gamma, \tag{6.1.28}$$

其中 γ 为常数，结合周期条件得到子特征值问题(I)

$$\begin{cases} \Theta''(\theta) + \gamma\,\Theta(\theta) = 0, \\ \Theta(\theta) = \Theta(\theta + 2\pi). \end{cases} \tag{6.1.29}$$

解得特征值为

$$\gamma_n = n^2, \quad n = 0, 1, 2, \cdots,$$

对应的特征函数是

$$\Theta_0 = 1, \quad \Theta_n = A_n \cos n\theta + B_n \sin n\theta.$$

将此结果代入(6.1.28)得子特征值问题(II)

$$\begin{cases} r^2 R''(r) + r R'(r) + (\lambda r^2 - n^2) R(r) = 0, & 0 < r < a, \\ |R(0)| < \infty, \quad R(a) = 0. \end{cases} \tag{6.1.30}$$

该方程通解为

$$R(r) = A J_n(\sqrt{\lambda} r) + B Y_n(\sqrt{\lambda} r),$$

因为$|R(0)| < \infty$，所以$B = 0$，又因为$R(a) = 0$，所以$J_n(\sqrt{\lambda} a) = 0$. 记$\mu_k^{(n)}$是$J_n(x)$的第$k$个正零点，则$\sqrt{\lambda} a = \mu_k^{(n)}$，所以

$$e.v. \ \lambda_{kn} = (\frac{\mu_k^{(n)}}{a})^2, \quad e.f. \ R_{kn}(r) = J_n(\frac{\mu_k^{(n)}}{a} r), \quad k = 1, 2, \cdots.$$

将特征值代入z的方程得

$$Z''(z) - \lambda_{kn} Z(z) = 0, \quad Z(0) = 0 \quad \Rightarrow \quad Z_{kn}(z) = \sinh \frac{\mu_k^{(n)}}{a} z.$$

令

$$u(r, \theta, z) = \sum_{n=0}^{\infty} \sum_{k=1}^{\infty} (A_{kn} \cos n\theta + B_{kn} \sin n\theta) J_n(\frac{\mu_k^{(n)}}{a} r) \sinh \frac{\mu_k^{(n)}}{a} z,$$

则

$$g(r) \sin \theta = \sum_{n=0}^{\infty} \sum_{k=1}^{\infty} (A_{kn} \cos n\theta + B_{kn} \sin n\theta) J_n(\frac{\mu_k^{(n)}}{a} r) \sinh \frac{\mu_k^{(n)}}{a} l,$$

所以

$$A_{kn} = 0, \ n = 0, 1, 2, \cdots, \quad B_{kn} = 0, \ n \neq 1, \quad g(r) = \sum_{k=1}^{\infty} B_{k1} J_1(\frac{\mu_k^{(1)}}{a} r) \sinh \frac{\mu_k^{(1)}}{a} l,$$

$$\Rightarrow \ B_{k1} = \frac{1}{\sinh \frac{\mu_k^{(1)}}{a} l} \cdot \frac{\int_0^a r g(r) J_1(\frac{\mu_k^{(1)}}{a} r) \, \mathrm{d}r}{\int_0^a r J_1^2(\frac{\mu_k^{(1)}}{a} r) \, \mathrm{d}r} = \frac{2 \int_0^a r g(r) J_1(\frac{\mu_k^{(1)}}{a} r) \, \mathrm{d}r}{a^2 \sinh \frac{\mu_k^{(1)}}{a} l \cdot J_2^2(\mu_k^{(1)})}, \ k = 1, 2, \cdots.$$

综上

$$u(r, \theta, z) = \sum_{k=1}^{\infty} \frac{2 \int_0^a r g(r) J_1(\frac{\mu_k^{(1)}}{a} r) \, \mathrm{d}r}{a^2 \sinh \frac{\mu_k^{(1)}}{a} l \cdot J_2^2(\mu_k^{(1)})} \sin \theta \, J_1(\frac{\mu_k^{(1)}}{a} r) \sinh \frac{\mu_k^{(1)}}{a} z.$$

□

6.2　勒让德函数及其应用

6.2.1　勒让德多项式的定义

勒让德函数就是勒让德多项式(Legendre polynomial)，其定义如下

$$P_n(x) = \frac{1}{2^n n!} \frac{\mathrm{d}^n}{\mathrm{d}x^n}(x^2 - 1)^n. \tag{6.2.1}$$

前几个勒让德多项式如下，

$$P_0 = 1, \qquad P_1 = x, \qquad P_2 = \frac{1}{2}(3x^2 - 1),$$

$$P_3 = \frac{1}{2}(5x^3 - 3x), \quad P_4 = \frac{1}{8}(35x^4 - 30x^2 + 3), \cdots.$$

先对勒让德多项式做一个简单的分析. 容易看到，$P_n(x)$是一个n次多项式，且

$$P_n(x) = \frac{(2n)!}{2^n (n!)^2} x^n + \cdots. \tag{6.2.2}$$

注意到$(x^2 - 1)^n$是偶函数，所以当n为偶数时$P_n(x)$为偶函数，当n为奇数时$P_n(x)$为奇函数. 观察到$x = -1, 1$是$(x^2 - 1)^n$的两个n重零点，所以容易分析出$P_n(x)$在$(-1, 1)$中有n个单重零点. 利用莱布尼茨高阶导数公式知

$$P_n(1) = \frac{1}{2^n n!} [(x - 1)^n (x + 1)^n]^{(n)} \Big|_{x=1}$$

$$= \frac{1}{2^n n!} [(x - 1)^n]^{(n)} (x + 1)^n \Big|_{x=1} = 1,$$

类似可得 $P_n(-1) = (-1)^n$. 勒让德函数的多项式形式的表达式见本章习题16.

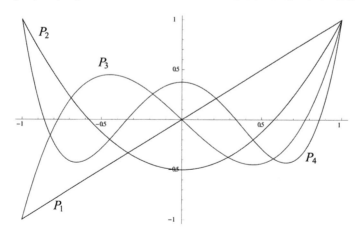

6.2.2　勒让德多项式的正交性与模值

定理 6.1　$\{P_n\}_0^\infty$在$L^2[-1, 1]$上正交，且

$$\|P_n\|_{L^2[-1,1]}^2 = \frac{2}{2n + 1}. \tag{6.2.3}$$

证明　正交性：$\forall f \in C^n[-1,1]$，做n次分部积分得

$$2^n n!(f, P_n) = \int_{-1}^{1} f(x)[(x^2-1)^n]^{(n)} \, \mathrm{d}x = (-1)^n \int_{-1}^{1} f^{(n)}(x)(x^2-1)^n \, \mathrm{d}x.$$

当f是次数小于n的多项式时，$f^{(n)}(x) \equiv 0$，所以$(f, P_n) = 0$. 从而

$$\forall m < n, \quad (P_m, P_n) = 0,$$

同理可得

$$\forall m > n, \quad (P_m, P_n) = 0.$$

再求模值，取$f = P_n$，由(6.2.2)知

$$f^{(n)}(x) = \frac{(2n)!}{2^n n!} = 1 \cdot 3 \cdot 5 \cdot \cdots \cdot (2n-1),$$

所以

$$\|P_n\|^2 = \frac{1 \cdot 3 \cdot 5 \cdot \cdots \cdot (2n-1)}{2^n n!} \int_{-1}^{1} (1-x^2)^n \, \mathrm{d}x = \frac{2}{2n+1},$$

其中

$$\int_{-1}^{1} (1-x^2)^n \, \mathrm{d}x = 2 \int_{0}^{1} (1-x^2)^n \, \mathrm{d}x \qquad (x = \sqrt{y})$$

$$= \int_{0}^{1} (1-y)^n y^{-1/2} \, \mathrm{d}y = \frac{\Gamma(n+1)\Gamma(1/2)}{\Gamma(n+3/2)} = \frac{2^{n+1} n!}{1 \cdot 3 \cdot 5 \cdot \cdots \cdot (2n+1)}.$$

$\square$

　　本定理证明了$\{P_n\}_0^\infty$是$L^2[-1,1]$上的正交多项式，事实上$\{P_n\}_0^\infty$可以通过对非正交函数系$\{x^n\}_0^\infty$在区间$[-1,1]$上应用Gram-Schmidt正交化得到.

6.2.3　勒让德方程与勒让德级数

定理 6.2　n次勒让德多项式$P_n(x)$满足n阶勒让德方程，即

$$[(1-x^2)P_n'(x)]' + n(n+1)P_n(x) = 0.$$

证明　令$g(x) = [(1-x^2)P_n'(x)]'$，则g是一个n次多项式，且g的最高次项为

$$\frac{(2n)!}{2^n (n!)^2}[(-x^2) \cdot (nx^{n-1})]' = -n(n+1)\frac{(2n)!}{2^n (n!)^2}x^n,$$

因而$g(x) + n(n+1)P_n$是$n-1$次多项式，所以可以用$P_0, P_1, \cdots, P_{n-1}$线性表出，即

$$g(x) + n(n+1)P_n = \sum_{j=0}^{n-1} C_j P_j(x),$$

其中

$$C_j = \frac{(g(x) + n(n+1)P_n, P_j)}{\|P_j\|^2} = \frac{(g(x), P_j)}{\|P_j\|^2}$$

$$= \frac{\int_{-1}^{1}[(1-x^2)P_n'(x)]' P_j(x) \, \mathrm{d}x}{\|P_j\|^2} = \frac{\int_{-1}^{1} P_n(x)[(1-x^2)P_j'(x)]' \, \mathrm{d}x}{\|P_j\|^2} = 0, \quad j < n.$$

□

考虑特征值问题

$$\begin{cases} [(1-x^2)y']' + \lambda y = 0, & -1 < x < 1, \\ |y(\pm 1)| < \infty. \end{cases} \tag{6.2.4}$$

由定理6.2知：$\lambda_n = n(n+1)$是特征值，$P_n(x)$是对应的特征函数，$n = 0, 1, 2, \cdots$.

定理 6.3　$\{P_n\}_0^\infty$构成$L^2[-1,1]$的一组正交基.

证明　假设$f \in L^2[-1,1]$与$\{P_n\}_0^\infty$中的每个P_n正交，因而f与每个多项式正交. 由平方可积空间的性质知，对于任意的$\varepsilon > 0$，存在函数$g \in C[-1,1]$，使得$\|f - g\| \le \varepsilon/2$. 再由Weierstrass逼近定理[14] 知，存在一个多项式P使得

$$\forall\, x \in [-1,1], \quad |P(x) - g(x)| < \varepsilon/4,$$

从而

$$\|P - g\| = \Big(\int_{-1}^1 |P(x) - g(x)|^2 \,\mathrm{d}x \Big)^{1/2} < \frac{\varepsilon}{4}\sqrt{2} < \frac{\varepsilon}{2}.$$

计算得

$$\|f\|^2 = (f, f) = (f - g, f) + (g - P, f) + (P, f) = (f - g, f) + (g - P, f).$$

由Cauchy内积不等式得

$$\|f\|^2 \le \|f - g\| \cdot \|f\| + \|g - P\| \cdot \|f\| < \varepsilon\|f\|,$$

从而$\|f\| < \varepsilon$. 因为ε是任意的，所以$f = 0$. 由正交基的定义知，$\{P_n\}_0^\infty$构成$L^2[-1,1]$的一组正交基.　　　　□

由于特征值问题(6.2.4)中系数$r(x) = 1 - x^2$在端点$x = \pm 1$处均为零，所以该特征值问题也是奇异特征值问题，加上边界条件$|y(\pm 1)| < \infty$后，其关于特征值和特征函数的结论与定理2.6一致[12, 14]. 结合定理6.3知该特征值问题没有除$\{\lambda_n = n(n+1), P_n(x), n = 0, 1, 2, \cdots\}$之外的其他特征值和特征函数.

既然$\{P_n\}_0^\infty$构成$L^2[-1,1]$的一组正交基，那么对于任意的$f \in L^2[-1,1]$，可以将f用勒让德多项式展开为勒让德级数，即

$$f(x) = \sum_0^\infty C_n P_n(x),$$

其中

$$C_n = \frac{2n+1}{2}(f, P_n) = \frac{2n+1}{2} \int_{-1}^1 f(x) P_n(x) \,\mathrm{d}x, \quad n = 0, 1, 2, \cdots.$$

---

[14]Weierstrass逼近定理，即闭区间上的连续函数可以用一个多项式序列一致逼近. K.Weierstrass, 1815–1897, 德国数学家，早年在中学教书，大器晚成. 曾建立了$\varepsilon - \delta$语言，精确地定义了极限、导数等基本概念，第一个给出了行列式的严格定义，第一个给出了处处连续但处处不可导的函数，创立解析函数理论，被誉为现代分析之父.

6.2.4 生成函数与递推公式

定理 6.4
$$\sum_0^\infty P_n(x)\,z^n = (1 - 2xz + z^2)^{-1/2}, \quad -1 \le x \le 1, \ |z| < 1. \tag{6.2.5}$$

证明 当 $|x| < 1$ 时，记圆周曲线 C 的方程为
$$|\zeta - x| = \sqrt{1 - x^2},$$
利用 Cauchy 高阶导数公式得
$$P_n(x) = \frac{1}{2^n n!} \frac{d^n}{dx^n}(x^2 - 1)^n = \frac{1}{2\pi i} \int_C \frac{(\zeta^2 - 1)^n}{2^n (\zeta - x)^{n+1}} \, d\zeta,$$
所以
$$\sum_0^\infty P_n(x)\,z^n = \frac{1}{2\pi i} \int_C \sum_0^\infty \left(\frac{z}{2}\right)^n \frac{(\zeta^2 - 1)^n}{(\zeta - x)^{n+1}} \, d\zeta$$
$$= \frac{1}{2\pi i} \int_C \frac{1}{\zeta - x}\left[1 - \frac{z(\zeta^2 - 1)}{2(\zeta - x)}\right]^{-1} d\zeta = \frac{1}{2\pi i} \int_C \frac{2\,d\zeta}{z - 2x + 2\zeta - z\zeta^2}.$$
函数 $z - 2x + 2\zeta - z\zeta^2$ 的零点是
$$\zeta_1 = \frac{1 - \sqrt{1 - 2xz + z^2}}{z}, \qquad \zeta_2 = \frac{1 + \sqrt{1 - 2xz + z^2}}{z},$$
其中 ζ_1 落在曲线 C 内部，而 ζ_2 落在曲线 C 外部. 由留数定理得
$$\sum_0^\infty P_n(x)\,z^n = \mathrm{Res}_{\zeta=\zeta_1} \frac{2}{z - 2x + 2\zeta - z\zeta^2} = (1 - 2xz + z^2)^{-1/2}.$$
当 $x = \pm 1$ 时，利用
$$P_n(1) = 1, \quad P_n(-1) = (-1)^n,$$
直接计算可得
$$\sum_0^\infty P_n(1)\,z^n = \sum_0^\infty z^n = \frac{1}{1 - z} = (1 - 2z + z^2)^{-1/2},$$
$$\sum_0^\infty P_n(-1)\,z^n = \sum_0^\infty (-1)^n z^n = \frac{1}{1 + z} = (1 + 2z + z^2)^{-1/2}.$$
定理得证. □

记 $F(x, z) = (1 - 2xz + z^2)^{-1/2}$，称为 $P_n(x)$ 的生成函数 (generating function). $P_n(x)$ 的各种递推公式均可利用该生成函数得到，在此仅举一例. 容易看到，
$$(1 - 2xz + z^2)F_z = (x - z)F,$$
再将 $F = \sum_0^\infty P_n(x)\,z^n$ 代入即可得到递推公式
$$(n + 1)P_{n+1} - (2n + 1)xP_n + nP_{n-1} = 0. \tag{6.2.6}$$

6.2.5　连带勒让德方程与连带勒让德函数

考虑勒让德方程 $[(1-x^2)P_n'(x)]' + n(n+1)P_n(x) = 0$，令 $v = \dfrac{\mathrm{d}^m}{\mathrm{d}x^m}P_n(x)$，$m \leq n$，则 v 满足方程

$$(1-x^2)v'' - 2(m+1)xv' + [n(n+1) - m(m+1)]v = 0,$$

再令 $v(x) = (1-x^2)^{-m/2}w(x)$，代入上面的方程，则 w 满足方程

$$[(1-x^2)w']' + \left(n(n+1) - \frac{m^2}{1-x^2}\right)w = 0.$$

将该方程称为连带勒让德方程(associate Legendre equation)，即

$$[(1-x^2)y']' + \left(n(n+1) - \frac{m^2}{1-x^2}\right)y = 0, \tag{6.2.7}$$

其中 $n \geq m$，m,n 是正整数. 将连带勒让德方程的解称为连带勒让德函数，即

$$P_n^m(x) = (1-x^2)^{m/2}\frac{\mathrm{d}^m}{\mathrm{d}x^m}P_n(x) = \frac{(1-x^2)^{m/2}}{2^n n!}\frac{\mathrm{d}^{n+m}}{\mathrm{d}x^{n+m}}(x^2-1)^n. \tag{6.2.8}$$

容易看到

$$P_n^0(x) = P_n(x), \quad P_n^m(-1) = P_n^m(1) = 0, \ m > 0.$$

这里列举前面几个连带勒让德函数，以便读者使用.

$$P_1^1(x) = (1-x^2)^{1/2} = \sin\theta, \quad x = \cos\theta,$$

$$P_2^1(x) = 3x(1-x^2)^{1/2} = \frac{3}{2}\sin 2\theta, \quad P_2^2(x) = 3(1-x^2) = \frac{3}{2}(1-\cos 2\theta).$$

现在考虑特征值问题

$$\begin{cases} [(1-x^2)y']' + \left(\lambda - \dfrac{m^2}{1-x^2}\right)y = 0, & -1 < x < 1, \\ |y(\pm 1)| < \infty. \end{cases} \tag{6.2.9}$$

由勒让德方程和连带勒让德方程的关系以及特征值问题(6.2.4)的结果知

$$e.v. \ \lambda_n = n(n+1), \quad e.f. \ P_n^m(x), \quad n = m, m+1, \cdots.$$

特征值问题(6.2.9)是一个自共轭算子的特征值问题，所以对任意的正整数 m，特征函数系 $\{P_n^m\}_{n=m}^{\infty}$ 构成 $L^2[-1,1]$ 的正交基，且

$$\|P_n^m\|_{L^2[-1,1]}^2 = \frac{2}{2n+1} \cdot \frac{(n+m)!}{(n-m)!}. \tag{6.2.10}$$

下面给出(6.2.10)的计算过程. 为了书写方便记 $y_m = P_n^m$，$y_0 = P_n$，则

$$\begin{aligned} y_{m-1}' &= \frac{\mathrm{d}}{\mathrm{d}x}\left[(1-x^2)^{(m-1)/2}\frac{\mathrm{d}^{m-1}P_n}{\mathrm{d}x^{m-1}}\right] \\ &= -(m-1)x(1-x^2)^{(m-3)/2}\frac{\mathrm{d}^{m-1}P_n}{\mathrm{d}x^{m-1}} + (1-x^2)^{(m-1)/2}\frac{\mathrm{d}^m P_n}{\mathrm{d}x^m} \\ &= -(m-1)x(1-x^2)^{-1}y_{m-1} + (1-x^2)^{-1/2}y_m, \end{aligned}$$

即

$$y_m = \sqrt{1-x^2}\,y'_{m-1} + \frac{(m-1)x}{\sqrt{1-x^2}}\,y_{m-1}.$$

由上式计算得

$$\|y_m\|^2 = \int_{-1}^{1} \left[(1-x^2)(y'_{m-1})^2 + 2(m-1)xy_{m-1}y'_{m-1} + \frac{(m-1)^2 x^2}{1-x^2}y_{m-1}^2\right]\mathrm{d}x.$$

对右端第一项分部积分并利用连带勒让德方程得

$$\int_{-1}^{1}(1-x^2)(y'_{m-1})^2\,\mathrm{d}x = -\int_{-1}^{1} y_{m-1}[(1-x^2)y'_{m-1}]'\,\mathrm{d}x$$

$$= \int_{-1}^{1}\left[n(n+1) - \frac{(m-1)^2}{1-x^2}\right]y_{m-1}^2\,\mathrm{d}x,$$

对右端第二项分部积分得

$$\int_{-1}^{1} 2(m-1)xy_{m-1}y'_{m-1}\,\mathrm{d}x = -2(m-1)\int_{-1}^{1} y_{m-1}[xy_{m-1}]'\,\mathrm{d}x$$

$$= -2(m-1)\int_{-1}^{1} xy_{m-1}y'_{m-1}\,\mathrm{d}x - 2(m-1)\int_{-1}^{1} y_{m-1}^2\,\mathrm{d}x,$$

所以

$$\int_{-1}^{1} 2(m-1)xy_{m-1}y'_{m-1}\,\mathrm{d}x = -(m-1)\int_{-1}^{1} y_{m-1}^2\,\mathrm{d}x.$$

将这两项的结果代入得递推公式

$$\|y_m\|^2 = [n(n+1) - m(m-1)]\int_{-1}^{1} y_{m-1}^2\,\mathrm{d}x = (n+m)(n-m+1)\|y_{m-1}\|^2,$$

从而

$$\|y_m\|^2 = (n+m)(n-m+1)\cdots(n+1)n\|y_0\|^2 = \frac{(n+m)!}{(n-m)!}\|P_n\|^2 = \frac{2}{2n+1}\cdot\frac{(n+m)!}{(n-m)!}.$$

6.2.6　勒让德多项式的应用

例 6.5　用分离变量法求解单位球上的拉普拉斯方程边值问题

$$\begin{cases} -\Delta u = 0, & x \in B_1(0), \\ u = f, & x \in \partial B_1(0), \end{cases} \tag{6.2.11}$$

其中 $f = \cos^2\theta$，这里的 θ 是球坐标 (r,θ,φ) 中的变量．

解　使用球坐标 (r,θ,φ)，因为边界条件与 φ 无关，所以解也与 φ 无关，于是将解记为 $u(r,\theta)$，代入方程得

$$u_{rr} + \frac{2}{r}u_r + \frac{1}{r^2\sin\theta}[\sin\theta\cdot u_\theta]_\theta = 0.$$

令 $u(r,\theta) = R(r)T(\theta)$，代入方程并分离变量得

$$-\frac{r^2R''(r) + 2rR'(r)}{R} = \frac{1}{\sin\theta\cdot T(\theta)}[\sin\theta\cdot T'(\theta)]' = -\lambda,$$

其中 λ 为常数. 这样得到一个特征值问题

$$
\begin{cases}
\dfrac{1}{\sin\theta}[\sin\theta \cdot T'(\theta)]' + \lambda T(\theta) = 0, & 0 < \theta < \pi, \\[2mm]
|T(0)| < \infty, \quad |T(\pi)| < \infty.
\end{cases} \tag{6.2.12}
$$

令 $s = \cos\theta$，则特征值问题变为

$$
\begin{cases}
\dfrac{\mathrm{d}}{\mathrm{d}s}[(1 - s^2)\dfrac{\mathrm{d}T}{\mathrm{d}s}] + \lambda T = 0, & -1 < s < 1, \\[2mm]
|T(\pm 1)| < \infty.
\end{cases} \tag{6.2.13}
$$

利用问题 (6.2.4) 的结果知，特征值问题 (6.2.12) 的结果是

$$
e.v. \ \lambda_n = n(n+1), \quad e.f. \ P_n(\cos\theta), \quad n = 0, 1, 2, \cdots. \tag{6.2.14}
$$

将特征值代入 r 的方程得欧拉方程

$$
r^2 R''(r) + 2r R'(r) - n(n+1)R(r) = 0, \quad |R(0)| < \infty,
$$

解得

$$
R_n(r) = r^n.
$$

设

$$
u(r, \theta) = \sum_0^\infty A_n P_n(\cos\theta) r^n,
$$

代入边界条件得

$$
f(\theta) = \cos^2\theta = \sum_0^\infty A_n P_n(\cos\theta),
$$

所以

$$
A_n = \frac{2n+1}{2} \int_0^\pi f(\theta) P_n(\cos\theta) \sin\theta \, \mathrm{d}\theta = \frac{2n+1}{2} \int_{-1}^1 t^2 P_n(t) \, \mathrm{d}t.
$$

计算得

$$
A_0 = \frac{1}{3}, \quad A_2 = \frac{2}{3}, \quad A_n = 0, \ n \neq 0, 2.
$$

综上

$$
u(r, \theta) = \frac{1}{3} + \frac{2}{3} P_2(\cos\theta) r^2.
$$

$\square$

例 6.6　球面拉普拉斯算子

$$
\mathscr{L} = \frac{1}{\sin\theta} \partial_\theta \left(\sin\theta \, \partial_\theta \right) + \frac{1}{\sin^2\theta} \partial_\varphi^2,
$$

其中 θ, φ 是球坐标 (r, θ, φ) 中的角变量. 先求解算子 $\mathscr{L}$ 在单位球面上的特征值问题

$$
\begin{cases}
\mathscr{L} Y(\theta, \varphi) + \lambda Y(\theta, \varphi) = 0, & 0 \leq \theta \leq \pi, \\[2mm]
|Y(0, \varphi)| < \infty, \quad |Y(\pi, \varphi)| < \infty, \quad Y(\theta, \varphi) = Y(\theta, \varphi + 2\pi).
\end{cases} \tag{6.2.15}
$$

再将单位球面上的平方可积函数 $f(\theta, \varphi)$ 用所得的特征函数系展开，给出展开系数的

计算公式.

解　(1) 将球面拉普拉斯算子具体形式代入方程得

$$\frac{1}{\sin\theta}(\sin\theta \cdot Y_\theta)_\theta + \frac{1}{\sin^2\theta}Y_{\varphi\varphi} + \lambda\, Y = 0.$$

令 $Y(\theta,\varphi) = p(\theta)q(\varphi)$，代入并分离变量得

$$\frac{\sin\theta(\sin\theta\, p')'}{p} + \lambda\sin^2\theta = -\frac{q''}{q} = \alpha,$$

其中 α 是常数. 结合周期条件得子特征值问题(I)

$$\begin{cases} q'' + \alpha q = 0, \\ q(\varphi) = q(\varphi + 2\pi). \end{cases} \tag{6.2.16}$$

特征值问题(I)的结果是

$$e.v.\ \ \alpha_m = m^2, \quad e.f.\ \ q_m(\varphi) = e^{im\varphi}, \quad m = 0, \pm 1, \pm 2, \cdots.$$

将 $\alpha_m = m^2$ 代入 θ 的方程得子特征值问题(II)

$$\begin{cases} \dfrac{1}{\sin\theta}[\sin\theta \cdot p'(\theta)]' + (\lambda - \dfrac{m^2}{\sin^2\theta})p(\theta) = 0, & 0 < \theta < \pi, \\ |p(0)| < \infty, \quad |p(\pi)| < \infty. \end{cases} \tag{6.2.17}$$

令 $s = \cos\theta$，则特征值问题变为

$$\begin{cases} \dfrac{\mathrm{d}}{\mathrm{d}s}[(1-s^2)\dfrac{\mathrm{d}p}{\mathrm{d}s}] + (\lambda - \dfrac{m^2}{1-s^2})p = 0, & -1 < s < 1, \\ |p(\pm1)| < \infty. \end{cases} \tag{6.2.18}$$

利用问题(6.2.9)的结果知，子特征值问题(II)的结果是

$$e.v.\ \lambda_n = n(n+1), \quad e.f.\ \ P_n^{|m|}(\cos\theta), \quad n = |m|, |m|+1, \cdots.$$

综上所述，特征值问题(6.2.15)的特征值为

$$\lambda_n = n(n+1), \quad n = 0, 1, 2, \cdots.$$

每个 λ_n 对应的特征函数有 $2n+1$ 个，称这些特征函数为球面函数，记为

$$Y_{nm}(\theta,\varphi) = P_n^{|m|}(\cos\theta)e^{im\varphi}, \ \ m = 0, \pm 1, \pm 2, \cdots, \pm n.$$

特征函数系 $\{Y_{nm}(\theta,\varphi)\}$ 在单位球面 $\partial B_1(0)$ 上关于 $\sin\theta\, \mathrm{d}\theta\mathrm{d}\varphi$ 完备正交，其模值为

$$\int_0^{2\pi}\int_0^\pi Y_{nm}^2(\theta,\varphi)\sin\theta\, \mathrm{d}\theta\mathrm{d}\varphi = \frac{4\pi}{2n+1}\frac{(n+|m|)!}{(n-|m|)!}.$$

(2) 设 $f(\theta,\varphi)$ 的球面函数展开式为

$$f(\theta,\varphi) = \sum_{n=0}^\infty \sum_{m=-n}^n A_{nm}P_n^{|m|}(\cos\theta)e^{im\varphi},$$

则展开系数为

$$A_{nm} = \frac{2n+1}{4\pi}\frac{(n-|m|)!}{(n+|m|)!}\int_0^{2\pi}\int_0^\pi f(\theta,\varphi)P_n^{|m|}(\cos\theta)e^{-im\varphi}\sin\theta\, \mathrm{d}\theta\mathrm{d}\varphi.$$

$\square$

例 6.7　用分离变量法求解三维球体 $B_a(0)$ 内的固态振动问题

$$
\begin{cases}
u_{tt} = \Delta u, & x \in B_a(0),\ t > 0, \\
u(x,t) = 0, & x \in \partial B_a(0),\ t \geq 0, \\
u(x,0) = 0, \quad u_t(x,0) = g(x), & x \in B_a(0).
\end{cases}
\tag{6.2.19}
$$

解　令 $u(x,t) = V(x)T(t)$，代入方程并分离变量得

$$
\frac{T''(t)}{T(t)} = \frac{\Delta V(x)}{V(x)} = -\lambda,
$$

其中 λ 是常数. 结合边界条件得特征值问题

$$
\begin{cases}
\Delta V + \lambda V = 0, & x \in B_a(0), \\
V = 0, & x \in \partial B_a(0).
\end{cases}
\tag{6.2.20}
$$

用球坐标 (r, θ, φ) 改写该方程得

$$
V_{rr} + \frac{2}{r}V_r + \frac{1}{r^2}\left[\frac{1}{\sin^2\theta}V_{\varphi\varphi} + \frac{1}{\sin\theta}(\sin\theta \cdot V_\theta)_\theta\right] + \lambda V = 0.
$$

令 $V(r, \theta, \varphi) = R(r)Y(\theta, \varphi)$ 代入并分离变量得

$$
\lambda r^2 + \frac{r^2 R''(r) + 2r R'(r)}{R} = -\frac{\frac{1}{\sin^2\theta}Y_{\varphi\varphi} + \frac{1}{\sin\theta}(\sin\theta \cdot Y_\theta)_\theta}{Y} = \gamma, \quad \text{其中} \gamma \text{为常数}.
$$

考虑关于 $Y(\theta, \varphi)$ 的子特征值问题(I)

$$
\begin{cases}
\dfrac{1}{\sin\theta}(\sin\theta \cdot Y_\theta)_\theta + \dfrac{1}{\sin^2\theta}Y_{\varphi\varphi} + \gamma Y = 0, & 0 \leq \theta \leq \pi, \\
|Y(0,\varphi)| < \infty, \qquad |Y(\pi,\varphi)| < \infty, \qquad Y(\theta,\varphi) = Y(\theta, \varphi + 2\pi).
\end{cases}
\tag{6.2.21}
$$

由例6.6知，子特征值问题(I)的特征值为

$$
\gamma_n = n(n+1), \quad n = 0,1,2,\cdots.
$$

每个 γ_n 对应的特征函数有 $2n+1$ 个，即

$$
Y_{nm}(\theta,\varphi) = P_n^{|m|}(\cos\theta)e^{im\varphi}, \quad m = 0,\pm1,\pm2,\cdots,\pm n.
$$

将 $\gamma_n = n(n+1)$ 代入 $R(r)$ 的方程得子特征值问题(II)

$$
\begin{cases}
r^2 R'' + 2r R' + (\lambda r^2 - n(n+1))R = 0, & 0 < r < a, \\
|R(0)| < \infty, \quad R(a) = 0.
\end{cases}
\tag{6.2.22}
$$

令 $w(r) = \sqrt{r}R(r)$，则

$$
r^2 w'' + r w' + (\lambda r^2 - (n+1/2)^2)w = 0, \quad 0 < r < a,
$$

利用贝塞尔方程解得

$$
R(r) = \frac{A}{\sqrt{r}}J_{n+1/2}(\sqrt{\lambda}r) + \frac{B}{\sqrt{r}}Y_{n+1/2}(\sqrt{\lambda}r),
$$

因为 $|R(0)| < \infty$，所以 $B = 0$，又因为 $R(a) = 0$，所以 $J_{n+1/2}(\sqrt{\lambda}a) = 0$. 记 $\mu_k^{(n+1/2)}$ 是 $J_{n+1/2}$ 的第 k 个零点，则 $\sqrt{\lambda}a = \mu_k^{(n+1/2)}$. 这样特征值问题(6.2.22)的结果是

$$
e.v.\ \lambda_{nk} = \left(\frac{\mu_k^{(n+1/2)}}{a}\right)^2, \qquad e.f.\ \frac{1}{\sqrt{r}}J_{n+1/2}\left(\frac{\mu_k^{(n+1/2)}}{a}r\right), \qquad k = 1,2,\cdots.
$$

综上所得，特征值问题(6.2.20)的结果是

$$e.v. \ \lambda_{nk} = (\frac{\mu_k^{(n+1/2)}}{a})^2, \qquad e.f. \ V_{nmk} = \frac{1}{\sqrt{r}} J_{n+1/2}(\frac{\mu_k^{(n+1/2)}}{a} r) P_n^{|m|}(\cos\theta) e^{im\varphi},$$

其中

$$n = 0, 1, 2, \cdots, \infty, \quad m = 0, \pm 1, \pm 2, \cdots, \pm n, \quad k = 1, 2, \cdots, \infty.$$

观察到球面函数系$\{P_n^{|m|}(\cos\theta)e^{im\varphi}\}$在单位球面上关于$\sin\theta \, d\theta d\varphi$完备正交，球贝塞尔函数系$\{\frac{1}{\sqrt{r}}J_{n+1/2}(\frac{\mu_k^{(n+1/2)}}{a}r)\}$在$[0,a]$上关于$r^2 \, dr$完备正交，从而特征函数系$\{V_{nmk}\}$在球体$B_a(0)$上关于$dx = r^2 \sin\theta \, drd\theta d\varphi$完备正交，且

$$\|V_{nmk}\|^2 = \frac{2}{2n+1} \frac{(n+|m|)!}{(n-|m|)!} \cdot 2\pi \cdot \frac{a^2}{2} J_{n+3/2}^2(\mu_k^{(n+1/2)}). \tag{6.2.23}$$

将特征值λ_{nk}代入t的方程得

$$T''(t) + \lambda_{nk} T(t) = 0, \quad T(0) = 0,$$

解得

$$T_{nk}(t) = \sin\frac{\mu_k^{(n+1/2)}}{a} t.$$

令球内固态振动问题(6.2.19)的解为

$$u(r, \theta, \varphi, t) = \sum_{k,n,m} A_{nmk} \sin\frac{\mu_k^{(n+1/2)}}{a} t \frac{1}{\sqrt{r}} J_{n+1/2}(\frac{\mu_k^{(n+1/2)}}{a} r) P_n^{|m|}(\cos\theta) e^{im\varphi},$$

代入初始条件得

$$g(r, \theta, \varphi) = \sum_{n,m,k} A_{nmk} \frac{\mu_k^{(n+1/2)}}{a} V_{nmk}(r, \theta, \varphi),$$

利用函数系$V_{nmk}(r, \theta, \varphi)$的完备正交性得

$$A_{nmk} = \frac{a \int_0^{2\pi} \int_0^{\pi} \int_0^a g(r, \theta, \varphi) V_{nmk}(r, \theta, \varphi) r^2 \sin\theta \, drd\theta d\varphi}{\mu_k^{(n+1/2)} \|V_{nmk}\|^2},$$

其中

$$n = 0, 1, 2, \cdots, \infty, \quad m = 0, \pm 1, \pm 2, \cdots, \pm n, \quad k = 1, 2, \cdots, \infty.$$

$\square$

例 6.8 (散射问题) 考虑一个不可穿透的三维球体$B_a(0)$，现有一个入射平面波沿着方向$d = (0, 0, -1)$射向该球体，入射波频率为ω，波速为c，振幅为A，则该入射波为$Ae^{i\omega t}e^{ikx \cdot d} = Ae^{i(\omega t - kx_3)}$，其中$k = \omega/c$称为波数. 入射波打到球体上会产生散射波$e^{i\omega t}v(x)$，记总波为$u(x, t)$，则

$$u(x, t) = Ae^{i(\omega t - kx_3)} + e^{i\omega t} v(x), \quad |x| > a.$$

取总波在球面上的边界条件为齐次Dirichlet边界条件[15]，那么可以建立如下数学模型

$$\begin{cases} u_{tt} - c^2\Delta u = 0, & |x| > a,\, t > 0, \\ u(x,t) = 0, & |x| = a,\, t > 0, \\ u(x,t) \sim Ae^{i(\omega t - kx_3)}, & |x| > a,\, t \to -\infty. \end{cases} \tag{6.2.24}$$

容易看到入射波与总波$u(x,t)$满足同样的波方程，所以可以导出$v(x)$满足

$$\begin{cases} \Delta v + k^2 v = 0, & |x| > a, \\ v(x) = -Ae^{-ikr\cos\theta}, & |x| = a, \\ \lim\limits_{r\to+\infty} r(v_r - ikv) = 0, & r = |x|, \end{cases} \tag{6.2.25}$$

其中$v(x)$在$r = +\infty$处满足的条件称为Sommerfield辐射条件，物理上表示散射波向外传播. 试求出该散射波.

解 下面我们在球坐标系(r,θ,φ)下利用分离变量法求$v(x)$. 注意到该问题的定解条件与变量φ无关，所以解v与变量φ无关，令$v(r,\theta) = R(r)p(\theta)$，代入方程得

$$R''(r)p(\theta) + \frac{2}{r}R'(r)p(\theta) + \frac{R(r)}{r^2}\frac{1}{\sin\theta}(\sin\theta p'(\theta))' + k^2 R(r)p(\theta) = 0,$$

分离变量得

$$\frac{r^2 R'' + 2rR'}{R} + k^2 r^2 = -\frac{1}{\sin\theta \cdot p}(\sin\theta \cdot p')' = \lambda,$$

其中λ为常数. 考虑特征问题

$$\begin{cases} \dfrac{1}{\sin\theta}[\sin\theta \cdot p'(\theta)]' + \lambda p(\theta) = 0, & 0 < \theta < \pi, \\ |p(0)| < \infty, \quad |p(\pi)| < \infty. \end{cases} \tag{6.2.26}$$

利用问题(6.2.17)中$m = 0$情况下的结果知

$$e.v.\ \lambda_n = n(n+1), \quad e.f.\ P_n(\cos\theta), \quad n = 0,1,2,\cdots.$$

将特征值λ_n代入r的方程得

$$r^2 R'' + 2rR' + (k^2 r^2 - n(n+1))R = 0, \quad r > a. \tag{6.2.27}$$

令$w(r) = \sqrt{r}R(r)$将该方程化为

$$r^2 w'' + rw' + (k^2 r^2 - (n+1/2)^2)w = 0, \quad r > a,$$

利用贝塞尔方程的通解，解得方程(6.2.27)的通解为

$$R_n(r) = C\frac{1}{\sqrt{r}}H^+_{n+1/2}(kr) + D\frac{1}{\sqrt{r}}H^-_{n+1/2}(kr),$$

其中$H^{\pm}_{n+1/2}(x) = J_{n+1/2}(x) \pm iY_{n+1/2}(x)$，称为Hankel函数. 再利用辐射条件得

$$\lim_{r\to+\infty} r(R' - ikR) = 0,$$

---

[15]散射问题在其他边界条件下的计算留给读者. 散射波的计算在利用电磁波或声波对目标进行探测的问题中具有重要意义.

从而由Hankel函数的渐近性(习题六第2题)知 $D = 0$. 现在令

$$v(r, \theta) = \sum_0^\infty c_n \frac{1}{\sqrt{r}} H_{n+1/2}^+(kr) P_n(\cos\theta),$$

则由边界条件知

$$-Ae^{-ika\cos\theta} = \sum_0^\infty c_n \frac{1}{\sqrt{a}} H_{n+1/2}^+(ka) P_n(\cos\theta). \qquad (6.2.28)$$

接下来，我们探讨如何求出系数 c_n. 我们发现直接利用勒让德级数展开求系数 c_n 会遇到困难，这里我们采用下面的一个间接运算技巧. 因为平面波 $e^{-ir\cos\theta}$ 满足球上的 Helmholtz方程 $\Delta w + w = 0$，所以可以用球调和函数系(球面波)将其线性表出，即

$$e^{-ir\cos\theta} = \sum_0^\infty d_n \frac{1}{\sqrt{r}} J_{n+1/2}(r) P_n(\cos\theta), \qquad (6.2.29)$$

利用勒让德级数展开可得

$$d_n \frac{1}{\sqrt{r}} J_{n+1/2}(r) = \frac{2n+1}{2} \int_{-1}^1 e^{-irs} P_n(s)\, ds,$$

等式右边做两次分部积分可得

$$d_n \frac{1}{\sqrt{r}} J_{n+1/2}(r) = \left(n + \frac{1}{2}\right) \left[\frac{i}{r} e^{-irs} P_n(s) \Big|_{-1}^1 - \left(\frac{i}{r}\right)^2 e^{-irs} P_n'(s) \Big|_{-1}^1 + \left(\frac{i}{r}\right)^2 \int_{-1}^1 e^{-irs} P_n''(s)\, ds \right]$$

$$= \left(n + \frac{1}{2}\right) \frac{i}{r} (e^{-ir} - (-1)^n e^{ir}) + O\left(\frac{1}{r^2}\right) = \frac{2}{r} (-i)^n \left(n + \frac{1}{2}\right) \sin\left(r - \frac{n\pi}{2}\right) + O\left(\frac{1}{r^2}\right).$$

上面计算过程中的最后一步留给读者验证. 另一方面，利用 $J_{n+1/2}(r)$ 的渐近性得

$$d_n \frac{1}{\sqrt{r}} J_{n+1/2}(r) = d_n \frac{1}{\sqrt{r}} \sqrt{\frac{2}{\pi r}} \cos\left(r - (n + \frac{1}{2})\frac{\pi}{2} - \frac{\pi}{4}\right) + O\left(\frac{1}{r^2}\right) = d_n \sqrt{\frac{2}{\pi}} \frac{1}{r} \sin\left(r - \frac{n\pi}{2}\right) + O\left(\frac{1}{r^2}\right).$$

比较得

$$d_n = \sqrt{2\pi} (-i)^n \left(n + \frac{1}{2}\right).$$

现在将(6.2.29)的结果代入(6.2.28)得

$$-A d_n \frac{1}{\sqrt{ka}} J_{n+1/2}(ka) = c_n \frac{1}{\sqrt{a}} H_{n+1/2}^+(ka),$$

所以

$$c_n = -A \sqrt{\frac{2\pi}{k}} (-i)^n \left(n + \frac{1}{2}\right) \frac{J_{n+1/2}(ka)}{H_{n+1/2}^+(ka)}.$$

综上所述，散射波场为

$$e^{i\omega t} v(x) = -A e^{i\omega t} \sqrt{\frac{2\pi}{k}} \sum_0^\infty (-i)^n \left(n + \frac{1}{2}\right) \frac{J_{n+1/2}(ka)}{H_{n+1/2}^+(ka)} \frac{1}{\sqrt{r}} H_{n+1/2}^+(kr) P_n(\cos\theta).$$

□

习题六

1. 利用递推公式，用$J_0(x)$和$J_1(x)$将$J_2(x)$, $J_3(x)$表示出来.

2. 汉克尔函数(Hankel functions)定义如下

$$H_\nu^\pm(x) = J_\nu(x) \pm i Y_\nu(x), \quad x > 0.$$

请推导

(1) $H_{1/2}^\pm(x) = \sqrt{\dfrac{2}{\pi x}} e^{\pm i(x-\pi/2)}.$ (2) $H_\nu^\pm(x) = \sqrt{\dfrac{2}{\pi x}} e^{\pm i(x-\frac{\pi\nu}{2}-\frac{\pi}{4})} + O(\dfrac{1}{x^{3/2}}).$

(3) 三维发散波满足三维Sommerfield辐射条件

$$\lim_{r\to+\infty} r(\phi_r - ik\phi) = 0, \quad r = |x|, \quad x \in \mathbb{R}^3.$$

利用(2)中的渐近性质，分析$\frac{1}{\sqrt{r}}H_\nu^+(kr)$, $\frac{1}{\sqrt{r}}H_\nu^-(kr)$中哪个是发散波?

(4) 可以证明$Y_\nu(x)$也具有和$J_\nu(x)$相同的递推公式. 请由此结论推导

$$\frac{\mathrm{d}H_0^+}{\mathrm{d}x}(x) = -H_1^+(x), \quad \int x H_0^+(x)\,\mathrm{d}x = x H_1^+(x) + C.$$

(5) 利用习题五第3题的方法求解二维Helmholtz方程的基本解，即求解

$$\begin{cases} \Delta\phi + k^2\phi = -\delta(x), & x \in \mathbb{R}^2,\ k > 0, \\ \lim_{r\to+\infty}\sqrt{r}(\phi_r - ik\phi) = 0, & r = |x|, \end{cases}$$

其中$r = +\infty$处满足的条件称为二维Sommerfield辐射条件，表示波向外传播.

3. 设μ_k, $k=1,2,\cdots$是$J_0(x)$的正零点，请将$f(x)=x^2$和$g(x)=a^2-x^2$在区间$[0,a]$上展开为$\{J_0(\mu_k x/a)\}_1^\infty$ 的贝塞尔级数.

4. 设$\widehat{\mu}_k$, $k=1,2,\cdots$是$J_0'(x)$的正零点，请将$f(x)=1-x^2$在区间$[0,1]$上展开为$\{1, J_0(\widehat{\mu}_k x), k=1,2,\cdots\}$ 的贝塞尔级数.

5. 设μ_k, $k=1,2,\cdots$是$J_0(x)$的正零点，令$\phi_k(x)=J_0(\mu_k\sqrt{x/l})$.证明: $\{\phi_k\}$是$L^2[0,l]$的一组正交基并计算$\|\phi_k\|^2$.

6. 讨论特征值问题

$$\begin{cases} (x\phi'(x))' + \lambda\phi(x) = 0, & 0 < x < a, \\ |\phi(0)| < \infty, \quad \phi(a) = 0, & \text{提示: 做变换 } t = 2\sqrt{\lambda x}. \end{cases}$$

7. 讨论Robin边界条件下的特征值问题

$$\begin{cases} r^2 R''(r) + r R'(r) + \lambda r^2 R(r) = 0, & 0 < r < a, \\ |R(0)| < \infty, \quad R'(a) + \sigma R(a) = 0, & \text{其中}\sigma\text{为正常数.} \end{cases}$$

8. 求解Helmholtz方程边值问题

$$\begin{cases} \Delta u + k^2 u = 0, & x^2 + y^2 < a^2, \\ u(x,y) = 1, & x^2 + y^2 = a^2. \end{cases}$$

9. 求解Helmholtz方程边值问题(汉克尔函数)

$$\begin{cases} \Delta u + k^2 u = 0, & x^2 + y^2 > a^2, \\ u(x,y) = 1, & x^2 + y^2 = a^2, \\ \lim_{r \to \infty} \sqrt{r}(u_r - iku) = 0, & r = \sqrt{x^2 + y^2}. \end{cases}$$

10. 求解Helmholtz方程边值问题(球贝塞尔函数)

$$\begin{cases} \Delta u + k^2 u = 0, & x^2 + y^2 + z^2 < a^2, \\ u(x,y,z) = 1, & x^2 + y^2 + z^2 = a^2. \end{cases}$$

11. 求解Helmholtz方程边值问题(球汉克尔函数)

$$\begin{cases} \Delta u + k^2 u = 0, & x^2 + y^2 + z^2 > a^2, \\ u(x,y,z) = 1, & x^2 + y^2 + z^2 = a^2, \\ \lim_{r \to \infty} r(u_r - iku) = 0, & r = \sqrt{x^2 + y^2 + z^2}. \end{cases}$$

12. 求解边值问题(虚变量)

$$\begin{cases} \Delta u - k^2 u = 0, & x^2 + y^2 < a^2, \\ u(x,y) = 1, & x^2 + y^2 = a^2. \end{cases}$$

13. 求解热扩散方程初边值问题

$$\begin{cases} u_t = k(u_{xx} + u_{yy}), & x^2 + y^2 < a^2,\ t > 0, \\ u(x,y,t) = B, & x^2 + y^2 = a^2,\ t \geq 0, \\ u(x,y,0) = 0, & x^2 + y^2 < a^2. \end{cases}$$

14. 求解圆上的非齐次波动方程

$$\begin{cases} u_{tt} - c^2(u_{xx} + u_{yy}) = A\sin\omega t, & x^2 + y^2 < a^2,\ t > 0, \\ u(x,y,t) = 0, & x^2 + y^2 = a^2,\ t \geq 0, \\ u(x,y,0) = 0,\quad u_t(x,y,0) = 0, & x^2 + y^2 < a^2. \end{cases}$$

其中 $\omega \neq \omega_k$, $\omega_k = \mu_k c / a$, μ_k是J_0的第k个零点.

15. 求解波方程初边值问题

$$\begin{cases} u_{tt} = c^2(u_{xx} + u_{yy}), & x^2 + y^2 < a^2,\ t > 0, \\ u(x,y,t) = 0, & x^2 + y^2 = a^2,\ t \geq 0, \\ u(x,y,0) = 0,\quad u_t(x,y,0) = y, & x^2 + y^2 < a^2. \end{cases}$$

16. 利用二项式展开将勒让德函数写成多项式的一般形式,即证明

$$P_n(x) = \sum_{j=0}^{[n/2]} \frac{(-1)^j (2n-2j)!}{2^n j! (n-j)! (n-2j)!} x^{n-2j}, \quad [\cdot] \text{是取整函数}.$$

17. 利用勒让德多项式的首项系数计算积分

$$I_n = \int_{-1}^1 x^n P_n(x) \, dx.$$

思考如果将x^n换成更一般的x^k,那么如何计算积分 I_k?

18. 利用勒让德多项式的递推公式计算积分

$$\int_{-1}^1 x P_n(x) P_{n-1}(x) \, dx.$$

19. 利用勒让德方程计算积分

$$\int_{-1}^1 (1-x^2) [P_n'(x)]^2 \, dx.$$

20. 验证与计算

$$x^3 = \frac{3}{5} P_1(x) + \frac{2}{5} P_3(x), \qquad x^4 = ? P_0(x) + ? P_2(x) + ? P_4(x).$$

21. 试利用勒让德多项式的生成函数,可以得到如下的递推公式

(1) $(n+1)P_{n+1}(x) - (2n+1)x P_n(x) + n P_{n-1}(x) = 0$;

(2) $P_n(x) = P_{n+1}'(x) - 2x P_n'(x) + P_{n-1}'(x)$;

(3) $x P_n'(x) - P_{n-1}'(x) = n P_n(x)$;

(4) $P_{n+1}'(x) - P_{n-1}'(x) = (2n+1) P_n(x)$;

(5) $n P_{n+1}'(x) + (n+1) P_{n-1}'(x) = (2n+1) x P_n'(x)$;

(6) $P_{n+1}'(x) = x P_n'(x) + (n+1) P_n(x)$.

递推公式(1)在课本中已证明,请证明递推公式(2). 这里给出这些递推公式,供大家使用时参考.

22. 利用勒让德多项式求解

$$\begin{cases} u_t = k[(1-x^2)u_x]_x, & -1 < x < 1, \\ u(x,0) = f(x), & -1 \le x \le 1. \end{cases}$$

这个模型是刻画一种物质在粘性液体中的扩散过程,该物质在点x处的扩散速度与$1-x^2$成正比.

23. 用分离变量法求解三维单位球上的拉普拉斯方程

$$\begin{cases} -\Delta u = 0, & x \in B_1(0), \\ u = f, & x \in \partial B_1(0), \end{cases}$$

其中 $f = 3 + 4\cos\theta$，这里的 θ 是球坐标 (r, θ, φ) 中的变量.

24. 用分离变量法求解三维单位球上的拉普拉斯方程

$$\begin{cases} -\Delta u = 0, & x \in B_1(0), \\ u = f, & x \in \partial B_1(0), \end{cases}$$

其中 $f = \sin 2\theta \cos\varphi$，这里的 θ，φ 是球坐标 (r, θ, φ) 中的变量.

25*. 用分离变量法求解三维单位球上的拉普拉斯方程

$$\begin{cases} -\Delta u = 0, & x \in B_1(0), \\ u = f, & x \in \partial B_1(0), \end{cases}$$

其中 $f = A$，$0 \le \theta \le \frac{\pi}{2}$ (上半球)，$f = B$，$\frac{\pi}{2} < \theta \le \pi$ (下半球)，其中 θ 是球坐标 (r, θ, φ) 中的变量，A，B 是常数.

26*. 试将沿 $(1, 0, 0)$ 方向传播的平面波展开为柱面波，将沿 $(0, 0, 1)$ 方向传播的平面波展开为球面波.

27*. 在半径为 R 的均匀三维球体内的点 x_0 处放置一个单位点热源，球面与温度为零的外界自由热交换，求达到稳定状态后球内的温度分布.

28*. 试利用研究 Legendre 多项式的方法来研究 Hermite 多项式. 对于 Laguerre 多项式和 Jacobi 多项式，也有类似的研究方法和结论，有兴趣的同学可以参考文献 [14].

Hermite 多项式的定义如下

$$H_n(x) = (-1)^n e^{x^2} \frac{\mathrm{d}^n}{\mathrm{d}x^n} e^{-x^2}.$$

(1) 计算出 $H_n(x)$，$n = 0, 1, 2, 3, 4$；(2) 证明 Hermite 多项式 $\{H_n\}_0^\infty$ 构成加权平方可积空间 $L_w^2(\mathbb{R})$ 的一组正交基，其中权函数 $w(x) = e^{-x^2}$，且

$$\|H_n\|_{L_w^2(\mathbb{R})}^2 = 2^n n! \sqrt{\pi}.$$

附录 A   傅立叶级数的收敛性

工科用的高等数学教材中，一般都会给出傅立叶级数的逐点收敛性和一致收敛性的结果，但大多没有证明过程，在这里我们给出这两种收敛性的证明.

设周期为 2π 的函数 $f \in PS[-\pi, \pi]$，令其复形式傅立叶级数的部分和函数为

$$S_N(x) = \sum_{-N}^{N} c_n e^{inx},$$

其中傅立叶系数

$$c_n = \frac{1}{2\pi} \int_{-\pi}^{\pi} f(x) e^{-inx} \, dx.$$

易知 $f \in L^2[-\pi, \pi]$，从而与定理2.3类似，容易得到如下的Bessel不等式成立

$$\sum_{-\infty}^{\infty} |c_n|^2 \le \frac{1}{2\pi} \|f\|_{L^2}^2.$$

所以

$$c_n \to 0, \quad n \to \pm\infty.$$

将 c_n 的表达式代入 $S_N(x)$ 得

$$S_N(x) = \frac{1}{2\pi} \sum_{-N}^{N} \int_{-\pi}^{\pi} f(y) e^{in(x-y)} \, dy = \frac{1}{2\pi} \sum_{-N}^{N} \int_{-\pi}^{\pi} f(y) e^{in(y-x)} \, dy.$$

令 $z = y - x$，则

$$S_N(x) = \int_{-\pi}^{\pi} f(z+x) \frac{1}{2\pi} \sum_{-N}^{N} e^{inz} \, dz = \int_{-\pi}^{\pi} f(z+x) D_N(z) \, dz.$$

其中

$$D_N(z) = \frac{1}{2\pi} \sum_{-N}^{N} e^{inz} = \frac{1}{2\pi} \frac{e^{i(N+1)z} - e^{-iNz}}{e^{iz} - 1}. \tag{A1}$$

这里的 $D_N(z)$ 称为Dirichlet核，容易看到

$$D_N(z) = \frac{1}{2\pi} + \frac{1}{\pi} \sum_{1}^{N} \cos nz, \tag{A2}$$

从而计算得

$$\int_{-\pi}^{0} D_N(z) \, dz = \int_{0}^{\pi} D_N(z) \, dz = \frac{1}{2},$$

所以

$$S_N(x) - \frac{1}{2} [f(x^+) + f(x^-)]$$

$$= \int_{-\pi}^{0} [f(z+x) - f(x^-)] D_N(z) \, dz + \int_{0}^{\pi} [f(z+x) - f(x^+)] D_N(z) \, dz.$$

令

$$g(z) = \frac{f(z+x) - f(x^-)}{e^{iz} - 1}, \quad -\pi < z < 0,$$

$$g(z) = \frac{f(z+x) - f(x^+)}{e^{iz} - 1}, \quad 0 < z < \pi,$$

则由洛必达法则计算得

$$\lim_{z \to 0-} g(z) = \frac{f'_-(x)}{i}, \qquad \lim_{z \to 0+} g(z) = \frac{f'_+(x)}{i},$$

所以$g \in PC[-\pi, \pi]$，从而$g \in L^2[-\pi, \pi]$，令g_n是g的复傅立叶系数，则

$$g_n = \frac{1}{2\pi} \int_{-\pi}^{\pi} g(x) e^{-inx} \, \mathrm{d}x \to 0, \quad n \to \pm\infty.$$

利用(A1)即得

$$S_N(x) - \frac{1}{2}[f(x+) + f(x-)] = \frac{1}{2\pi} \int_{-\pi}^{\pi} g(z)[e^{i(N+1)z} - e^{-iNz}] \, \mathrm{d}z$$

$$= g_{-(N+1)} - g_N \to 0, \quad N \to \infty.$$

综上所述，即得傅立叶级数的逐点收敛性定理.

定理 A.1 (Dirichlet)　设f是周期为2π的函数，且$f \in PS[-\pi, \pi]$，则

$$\forall x \in (-\pi, \pi), \quad \frac{1}{2}[f(x^+) + f(x^-)] = \sum_{-\infty}^{\infty} \frac{1}{2\pi} \int_{-\pi}^{\pi} f(x) e^{-inx} \, \mathrm{d}x \, e^{inx},$$

当$x = \pm\pi$时，f的复傅立叶级数收敛于$\frac{1}{2}[f(-\pi^+) + f(\pi^-)]$.

下面考虑傅立叶级数的一致收敛性定理.

定理 A.2　设f是周期为2π的函数，且$f \in C[-\pi, \pi]$，$f' \in PC[-\pi, \pi]$，则$f(x)$的复傅立叶级数在$[-\pi, \pi]$上一致收敛于$f(x)$.

证明　设c_n是f的复傅立叶系数，c'_n是f'的复傅立叶系数，利用分部积分容易看到

$$c'_n = \frac{1}{2\pi} \int_{-\pi}^{\pi} f'(x) e^{-inx} \, \mathrm{d}x = \frac{1}{2\pi} f(x) e^{-inx}\big|_{-\pi}^{\pi} - \frac{1}{2\pi} \int_{-\pi}^{\pi} f(x)(-ine^{-inx}) \, \mathrm{d}x = inc_n.$$

从而

$$\sum_{-\infty}^{\infty} |c_n| = |c_0| + \sum_{n \neq 0} \left|\frac{c'_n}{n}\right| \leq |c_0| + \left(\sum_{n \neq 0} \frac{1}{n^2}\right)^{1/2} \cdot \left(\sum_{n \neq 0} |c'_n|^2\right)^{1/2} < \infty.$$

所以$f(x)$的复傅立叶级数在$[-\pi, \pi]$上绝对收敛，由Weierstrass判别法知$f(x)$的复傅立叶级数在$[-\pi, \pi]$上一致收敛于$f(x)$. □

注 A.1　利用函数的复傅立叶级数和实傅立叶级数的关系，不难看到上面的两个收敛定理对实傅立叶级数也成立. 另外，经过简单的周期变换也可以将这两个定理推广到周期为$2l$的情况. 从傅里叶级数发明到狄里克雷证明其逐点收敛性和一致收敛性，经过了接近40年时间，又过了40年大约到了1890年代，数学家们才建立了傅里叶级数在平方可积空间中的收敛性.

附录 B　　变分引理与位势方程变分原理

先介绍泛函的概念。泛函(functional)就是以函数为自变量的函数. 设在xoy平面上有一簇曲线$y = f(x)$，其长度为

$$I[f] = \int_{x_0}^{x_1} \sqrt{1 + f'^2(x)}\,\mathrm{d}x.$$

显然$f(x)$不同，$I[f]$也不同，即$I[f]$的数值依赖于函数$f(x)$而变化. $I[f]$与$f(x)$的这种关系，称为泛函关系. 泛函的定义域，称为容许集(admissible set).

再来介绍变分法的一个基础性重要结论，即下面的变分引理.

定理 B.1 (变分引理)　　设D是$\mathbb{R}^n$中的有界开区域，函数$f \in C(D)$，如果

$$\forall\, v \in C_0^\infty(D)^{16}, \quad \int_D f(x)v(x)\,\mathrm{d}x = 0,$$

则$f(x) \equiv 0$, $x \in D$.

证明　　构造函数$\eta \in C^\infty(\mathbb{R}^n)$,

$$\eta(x) = \begin{cases} C\exp(\frac{1}{|x|^2-1}), & |x| < 1, \\ 0, & |x| \geq 1, \end{cases}$$

其中选取适当的常数C，使得$\int_{\mathbb{R}^n} \eta(x)\,\mathrm{d}x = 1$.

再构造磨光函数

$$\eta_\varepsilon = \frac{1}{\varepsilon^n}\eta(\frac{x}{\varepsilon}), \ \varepsilon > 0,$$

则$\eta_\varepsilon \in C^\infty(\mathbb{R}^n)$，且

$$\int_{\mathbb{R}^n} \eta_\varepsilon(x)\,\mathrm{d}x = 1, \quad \operatorname{supp}\eta_\varepsilon \subset B_\varepsilon(0).$$

反证法，假设本定理结论不成立，则存在一点$x_0 \in D$，使得$f(x_0) \neq 0$，不妨设$f(x_0) > 0$. 从而存在小邻域$B_\varepsilon(x_0)$，使得

$$\forall x \in B_\varepsilon(x_0), \quad f(x) > 0.$$

取$v(x) = \eta_\varepsilon(x - x_0) \in C_0^\infty(D)$，则

$$\int_D f(x)\eta_\varepsilon(x-x_0)\,\mathrm{d}x = \int_{B_\varepsilon(x_0)} f(x)\eta_\varepsilon(x-x_0)\,\mathrm{d}x > 0,$$

这与定理条件矛盾，故定理结论成立.　　　　　　　　　　　　　　　　$\square$

注 B.1　　从一般的函数观点来看，$f(x) \equiv 0$, $x \in D$的意思是对任意的$x \in D$, $f(x) = 0$，即告诉你函数$f(x)$在每一点处的值，我们就得到了这个函数. 变分引理给出了认识函数的一个全新的视角，即如果对任意的$v \in C_0^\infty(D)$ (试验函数)，将泛函

$$f[v] := \int_D f(x)v(x)\,\mathrm{d}x$$

---

[16]函数空间$C_0^\infty(D)$，即定义在区域D上的无穷次可微且在∂D附近为零的函数的全体.

的值都告诉你了，那么我们也就知道该函数$f(x)$. 运用这个观点，经过一番改造和拓展，法国数学家施瓦茨成功地定义了广义函数.

现在考虑位势方程边值问题

$$\begin{cases} -\Delta u = f, & x \in D, \\ u = g, & x \in \partial D. \end{cases} \tag{B1}$$

其中D是$\mathbb{R}^n$中的有界开区域，边界∂D光滑.

定义能量泛函

$$I[w] := \int_D \frac{1}{2}|\nabla w|^2 - wf \, dx,$$

其中w属于容许集

$$A := \{w \in C^2(\bar{D}) \mid w = g, \, x \in \partial D\}.$$

定理B.2　设$u \in C^2(\bar{D})$是问题(B1)的解，则

$$I[u] = \min_{w \in A} I[w]. \tag{B2}$$

反之，如果$u \in A$满足(B2)，则u是问题(B1)的解.

证明　(1) 设$u \in C^2(\bar{D})$是问题(B1)的解. 选取$w \in A$，则由(B1)知

$$0 = \int_D (-\Delta u - f)(u - w) \, dx.$$

分部积分得

$$0 = \int_D \nabla u \cdot \nabla(u - w) - f(u - w) \, dx,$$

从而

$$\int_D |\nabla u|^2 - uf \, dx = \int_D \nabla u \cdot \nabla w - wf \, dx \le \int_D \frac{1}{2}|\nabla u|^2 \, dx + \int_D \frac{1}{2}|\nabla w|^2 - wf \, dx,$$

即

$$I[u] \le I[w], \quad w \in A.$$

(2) 设u是泛函$I[w]$的极小元，即$u = \arg\min_{w \in A} I[w]$. 任取$v \in C_0^\infty(D)$，并定义函数

$$i(s) := I[u + sv] \quad s \in \mathbb{R}.$$

因为$u + sv \in A$，所以$i(s)$在$s = 0$处取到极小值，因而$i'(0) = 0$. 下面计算$i'(0)$.

$$i(s) = \int_D \frac{1}{2}|\nabla u + s\nabla v|^2 - (u + sv)f \, dx = \int_D \frac{1}{2}|\nabla u|^2 + s\nabla u \cdot \nabla v + \frac{s^2}{2}|\nabla v|^2 - (u + sv)f \, dx,$$

从而

$$i'(0) = \int_D \nabla u \cdot \nabla v - vf \, dx = \int_D (-\Delta u - f)v \, dx = 0,$$

由于v是任意取定的，所以由变分引理得 $-\Delta u = f$. $\qquad \square$

定理**B.2**称为Dirichlet原理，也称为位势方程变分原理，由该定理知求解位势方程边值问题(B1)等价于求解能量泛函$I[w]$的极小元问题. 那么具体如何来计算该极小

元呢? 前面我们通过计算$i'(0) = 0$得到极小元u满足

$$\int_D \nabla u \cdot \nabla v - vf \, dx = 0, \quad \forall \, v \in C_0^\infty(D). \tag{B3}$$

对于满足(B3)的极小元u, 称u是问题(B1)的弱解. 利用Riesz表示定理可以证明该问题存在唯一弱解. 下面我们来介绍计算该弱解的数值近似解的方法(Ritz-Galerkin方法).

先将边界∂D上的函数g延拓为整个$\bar{D}$上的光滑函数G. 定义新的容许集

$$A_0 := \{w \in C^2(\bar{D}) \mid w = 0, \, x \in \partial D\}.$$

在容许集A_0中选取N个线性无关的函数$\varphi_1, \varphi_2, \cdots, \varphi_N$, 称它们为基函数. 由这$N$个基函数张成的线性子空间记为$S_N$, 即

$$S_N = \mathrm{Span}\{\varphi_1, \varphi_2, \cdots, \varphi_N\}.$$

我们将利用G和S_N来寻找弱解的近似解, 即

$$求 \, u_N = G + \sum_1^N c_k \varphi_k, \quad s.t. \int_D \nabla u_N \cdot \nabla v - vf \, dx = 0, \quad \forall \, v \in S_N. \tag{B4}$$

其中系数$c_k, k = 1, 2, \cdots, N$待定. 在(B4)中, 分别取$v = \varphi_j$得到N个方程

$$\sum_{k=1}^N c_k \int_D \nabla \varphi_k \cdot \nabla \varphi_j \, dx = \int_D [f\varphi_j - \nabla G \cdot \nabla \varphi_j] \, dx, \quad j = 1, 2, \cdots, N.$$

将这些方程写成关于系数$c_1, c_2, \cdots, c_N$的线性方程组

$$\mathbf{Kc} = \mathbf{f}_G, \tag{B5}$$

其中$\mathbf{K} = (K_{kj})_{N \times N}$是系数矩阵, 矩阵的元素

$$K_{kj} = \int_D \nabla \varphi_k \cdot \nabla \varphi_j \, dx,$$

而$\mathbf{c}, \mathbf{f}_G$是列向量

$$\mathbf{c} = (c_1, c_2, \cdots, c_N)^T, \quad \mathbf{f}_G = \left(\int_D [f\varphi_1 - \nabla G \cdot \nabla \varphi_1] \, dx, \cdots, \int_D [f\varphi_N - \nabla G \cdot \nabla \varphi_N] \, dx \right)^T.$$

容易看到系数矩阵$\mathbf{K}$是对称正定的(留给读者验证), 因而线性方程组(B5)存在唯一解$\mathbf{c} = (c_1, c_2, \cdots, c_N)^T$, 这样我们就得到了变分问题(B2)的近似解$u_N$. 从这里也可以看到, 我们之所以采用弱解的形式, 主要的原因是弱解形式具有对称性, 从而使得离散后得到的线性方程组的系数矩阵$\mathbf{K}$具有很好的性质, 方便进行数值计算.

值得注意的是上述过程中如何选取基函数是一个最关键的问题. 首先, 对于一般区域满足齐次边界条件的基函数是不容易求得的. 其次, 如果基函数选取的不适合的话, 将导致线性方程组的系数矩阵$\mathbf{K}$是一个"满"矩阵, 因而当N较大时, 会给计算机的存储量和计算时间带来很大代价. 由于这两个缺点, Ritz-Galerkin方法虽然在20世纪50年代前就早为大家知晓, 但是除了理论研究外, 在实际应用中并没有被人们接受. 直到20世纪60年代, 数学家们发明了有限元方法[17], 提供了选取合适基函数和处理非齐次边界条件的高效方法, 让Ritz-Galerkin方法焕发出新的活力.

---

[17]中国数学家冯康, 1965年发表了名为《基于变分原理的差分格式》的论文, 这篇论文被国际学术界视为中国独立发展"有限元法"的重要里程碑, 有限元方法也成为中国数学研究的骄傲之一.

附录 C 一般区域上的特征值问题

特征值问题是求解偏微分方程的关键问题. 对于特殊区域, 用分离变量法可以得到拉普拉斯算子特征值和特征函数的表达式. 如果是一般形状的区域, 分离变量法求特征值问题不再适用. 这里我们用变分法来研究拉普拉斯算子在一般区域上的特征值问题. 为了方便讨论, 我们采用齐次Dirichlet边界条件.

考虑区域D上的特征值问题

$$\begin{cases} -\Delta u = \lambda u, & x \in D, \\ u = 0, & x \in \partial D. \end{cases} \tag{C1}$$

其中D是$\mathbb{R}^d$中的有界开区域, 边界∂D光滑. 易得所有特征值均大于零, 所以记该问题的特征值为

$$0 < \lambda_1 \le \lambda_2 \le \lambda_3 \le \cdots \le \lambda_n \le \cdots.$$

每个不同的区域D具有不同的特征值序列. 在附录B中, 我们知道位势方程的求解等价于求解一个能量泛函的极小元问题, 下面我们也会看到这里的特征值问题也可以转化为求解某个能量泛函的极小元问题. 注意到, 如果λ是任意的一个特征值, u是其对应的特征函数, 则

$$\lambda \int_D u^2 \, \mathrm{d}x = \int_D -\Delta u \cdot u \, \mathrm{d}x = \int_D |\nabla u|^2 \, \mathrm{d}x,$$

从而

$$\lambda = \frac{\|\nabla u\|^2}{\|u\|^2}.$$

这一发现提示我们定义能量泛函

$$I[w] := \frac{\|\nabla w\|^2}{\|w\|^2},$$

其中w属于容许集

$$A := \{w \in C^2(\bar{D}) \mid w = 0, \ x \in \partial D, \ w \not\equiv 0\}.$$

定理 C.1 (第一特征值的泛函极小原理) 设$u \in A$满足

$$I[u] = \min_{w \in A} I[w], \tag{C2}$$

则 $\lambda_1 = I[u]$ 且

$$-\Delta u = \lambda_1 u, \quad x \in D.$$

由该定理可以看到第一特征值是能量的最小值, 而对应的特征函数是能量最低的状态, 这一结论可以推广到其他算子的特征值问题中.

证明 任取$v \in C_0^\infty(D)$, 并定义函数

$$i(s) := I[u + sv] \quad s \in \mathbb{R}.$$

因为 $u + sv \in A$，所以 $i(s)$ 在 $s = 0$ 处取到极小值，因而 $i'(0) = 0$. 下面计算 $i'(0)$.

$$i(s) = \frac{\int_D (|\nabla u|^2 + 2s\nabla u \cdot \nabla v + s^2 |\nabla v|^2)\,dx}{\int_D (u^2 + 2suv + s^2 v^2)\,dx}.$$

$$i'(0) = \frac{2\int_D \nabla u \cdot \nabla v\,dx \int_D u^2\,dx - 2\int_D uv\,dx \int_D |\nabla u|^2\,dx}{(\int_D u^2\,dx)^2} = 0,$$

从而

$$\int_D \nabla u \cdot \nabla v\,dx = I[u] \int_D uv\,dx,$$

利用格林第一公式得

$$\int_D (\Delta u + I[u]u)v\,dx = 0,$$

由 v 的任意性知

$$-\Delta u = I[u]u, \quad x \in D,$$

即能量泛函的极小值 $I[u]$ 是特征值，能量泛函的极小元 u 是对应的特征函数. 下面证明 $I[u]$ 是最小的特征值 (the First Eigenvalue). 令 λ_n 是任意的一个特征值，v_n 是对应的特征函数，则

$$I[u] \leq \frac{\int_D |\nabla v_n|^2\,dx}{\int_D v_n^2\,dx} = \frac{\int_D -\Delta v_n\, v_n\,dx}{\int_D v_n^2\,dx} = \frac{\int_D \lambda_n v_n^2\,dx}{\int_D v_n^2\,dx} = \lambda_n,$$

所以 $\lambda_1 = I[u]$. □

定理 C.2 (第 n 个特征值的泛函极小原理)　　设前 $n - 1$ 个特征值 $\lambda_1, \lambda_2, \cdots, \lambda_{n-1}$ 及其对应的特征函数 $v_1, v_2, \cdots, v_{n-1}$ 已知，定义容许集

$$A_n := \{w \in C^2(\bar{D}) \mid w = 0,\ x \in \partial D,\ w \not\equiv 0,\ (w, v_1) = (w, v_2) = \cdots = (w, v_{n-1}) = 0\}.$$

设 $u \in A_n$ 满足

$$I[u] = \min_{w \in A_n} I[w], \tag{C3}$$

则 $\lambda_n = I[u]$ 且

$$-\Delta u = \lambda_n u, \quad x \in D.$$

证明　　任取 $h \in C_0^\infty(D)$，令

$$v(x) = h(x) - \sum_{k=1}^{n-1} c_k v_k(x), \quad c_k = \frac{(h, v_k)}{(v_k, v_k)},$$

则 v 与特征函数 $v_1, v_2, \cdots, v_{n-1}$ 正交，从而 $v \in A_n$，所以对任意的 $s \in \mathbb{R}$, $u + sv \in A_n$. 与定理 C.1 的证明类似，定义 $i(s) = I[u + sv]$，通过计算 $i'(0) = 0$，可得

$$\int_D (\Delta u + I[u]u)v\,dx = 0. \tag{C4}$$

此外由第二格林公式得

$$\int_D (\Delta u + I[u]u)v_k\,\mathrm{d}x = \int_D u(\Delta v_k + I[u]v_k)\,\mathrm{d}x = (I[u]-\lambda_k)\int_D uv_k\,\mathrm{d}x = 0, \quad k = 1,2,\cdots,n-1.$$
$$\text{(C5)}$$

将(C4)，(C5)做线性组合得

$$\int_D (\Delta u + I[u]u)h\,\mathrm{d}x = 0.$$

由函数h的任意性知

$$-\Delta u = I[u]u, \quad x \in D,$$

即能量泛函的极小值$I[u]$是特征值，能量泛函的极小元u是其对应的特征函数.

与定理C.1中的方法类似可得$\lambda_n = I[u]$，具体过程留给读者. □

利用变分理论可以证明，存在极小化函数列逼近上述非线性凸泛函的变分问题(C2,C3)的解，即解的存在唯一性，具体过程需要用到一些Sobolev空间的知识和泛函分析的知识. 有了存在唯一性，利用反证法和函数列收敛性的讨论，就可以证明特征值趋于无穷大，即$\lambda_n \to +\infty$ $(n \to +\infty)$，由此就可以证明特征函数系$\{v_n\}_1^\infty$的完备性. 这里我们把最后一步的证明做一个说明. 设正交的特征函数系为$\{v_n\}_1^\infty$，且对应的特征值$\lambda_n \to +\infty$. 对任意的$f \in L^2(D)$，利用平方可积空间的稠密性，不妨设$f \in A$. 令$r_N = f - \sum_1^N (f,v_n)v_n$，容易计算得

$$(r_N, v_j) = 0, \quad j = 1,2,\cdots,N,$$

即$r_N \in A_{N+1}$，所以

$$\lambda_{N+1} \le \frac{\|\nabla r_N\|^2}{\|r_N\|^2} \quad \Rightarrow \quad \|r_N\|^2 \le \frac{\|\nabla r_N\|^2}{\lambda_{N+1}} \to 0.$$

其中

$$\|\nabla r_N\|^2 = (\nabla f - \sum_1^N (f,v_n)\nabla v_n, \nabla f - \sum_1^N (f,v_j)\nabla v_j)$$

$$= \|\nabla f\|^2 - \sum_1^N |(f,v_n)|^2 \lambda_n(v_n,v_n) \le \|\nabla f\|^2 < +\infty.$$

本书中定理2.6关于特征函数系的完备性也是同样的证明方法. 有兴趣的读者可以参考文献[6, 16].

变分法 (Variational Method) 求特征值问题具有重要的理论价值和实用价值. 在理论上，它将特征值问题转化为能量泛函的最小值问题，得到特征值和特征函数的存在性以及特征函数系的完备性. 在实用上，变分法提供了计算特征值的近似方法. 至于具体如何数值计算能量泛函的最小值，请读者参考文献[10, 15]中的 Ritz-Galerkin 方法. Ritz-Galerkin 方法在本书的附录B中也有简要介绍. 另外，这里讨论拉普拉斯算子特征值的方法也适用于一般区域上的普通自共轭算子特征值问题的求解.

附录 D　课本中几个小研究的解答

1. 傅里叶变换方法直接求解二维波方程初值问题的基本解

$$W(x,t) = F^{-1}\left[\frac{\sin at|\omega|}{a|\omega|}\right] = \frac{1}{(2\pi)^2}\int_{\mathbb{R}^2}\frac{\sin at|\omega|}{a|\omega|}e^{i\omega\cdot x}\mathrm{d}\omega,$$

利用旋转不变性可取 $x = (0,|x|)$，对 ω 采用极坐标 (r,θ)，则

$$|\omega| = r, \qquad \omega\cdot x = r|x|\sin\theta,$$

所以

$$\begin{aligned}
W(x,t) &= \frac{1}{(2\pi)^2}\int_0^\infty \mathrm{d}r\int_{-\pi}^{\pi}\frac{\sin atr}{ar}e^{ir|x|\sin\theta}r\,\mathrm{d}\theta \\
&= \frac{1}{2\pi a}\int_0^\infty\frac{\sin atr}{r}J_0(r|x|)r\,\mathrm{d}r && \text{贝塞尔函数}J_0\text{的性质} \\
&= \frac{1}{2\pi a}H_0\left[\frac{\sin atr}{r}\right](|x|) && H_0\text{是0阶Hankel变换} \\
&= \frac{1}{2\pi a}\cdot\frac{1}{2i}\left(H_0\left[\frac{e^{iatr}}{r}\right] - H_0\left[\frac{e^{-iatr}}{r}\right]\right)(|x|) && \text{此结果参见维基百科} \\
&= \frac{H(at - |x|)}{2\pi a\sqrt{(at)^2 - |x|^2}}. && \text{或Mathematica第12版}
\end{aligned}$$

2. 第4.1节中两种求双曲方程特征变换结果的一致性

为了简化计算，不妨设双曲型方程为

$$u_{xx} + (a+b)u_{xy} + ab\,u_{yy} = 0.$$

将方程写成算子形式并分解得

$$(\partial_x + a\partial_y)(\partial_x + b\partial_y)u = 0,$$

引入新的变量 (ξ, η)，使得

$$\partial_\xi = \partial_x + a\partial_y, \quad \partial_\eta = \partial_x + b\partial_y,$$

解之得 $x = \xi + \eta$，$y = a\xi + b\eta$，所以

$$(b-a)\xi = bx - y, \quad (b-a)\eta = -ax + y,$$

从而

$$(b-a)^2\mathrm{d}\xi\mathrm{d}\eta = (b\mathrm{d}x - \mathrm{d}y)(-a\mathrm{d}x + \mathrm{d}y) = -\left[(\mathrm{d}y)^2 - (a+b)\mathrm{d}x\mathrm{d}y + ab\,(\mathrm{d}x)^2\right].$$

容易看到

$$\mathrm{d}\xi\mathrm{d}\eta = 0 \quad\Leftrightarrow\quad (\mathrm{d}y)^2 - (a+b)\mathrm{d}x\mathrm{d}y + ab\,(\mathrm{d}x)^2 = 0.$$

这就说明特征方程解出的特征变换与算子因式分解得出的变换是一致的.

3. 第二类贝塞尔函数$Y_n(x)$的级数表达式以及原点处的渐近性

由定义和洛必达法则计算得

$$Y_n(x) = \lim_{\nu \to n} \frac{\cos \pi \nu \cdot J_\nu(x) - J_{-\nu}(x)}{\sin \pi \nu} = \frac{1}{\pi} \partial_\nu J_\nu(x)\Big|_{\nu=n} - \frac{(-1)^n}{\pi} \partial_\nu J_{-\nu}(x)\Big|_{\nu=n}.$$

定义函数

$$\psi(x) = \frac{\mathrm{d}\ln\Gamma(x)}{\mathrm{d}x} = \frac{\Gamma'(x)}{\Gamma(x)}.$$

计算偏导数

$$\partial_\nu J_\nu(x) = \partial_\nu \sum_{j=0}^{\infty} \frac{(-1)^j}{j!\,\Gamma(j+\nu+1)} \left(\frac{x}{2}\right)^{2j+\nu}$$

$$= \sum_{j=0}^{\infty} \frac{(-1)^j}{j!} \left(\frac{\ln(x/2)}{\Gamma(j+\nu+1)} - \frac{\psi(j+\nu+1)}{\Gamma(j+\nu+1)} \right) \left(\frac{x}{2}\right)^{2j+\nu}$$

$$= J_\nu(x) \ln \frac{x}{2} - \sum_{j=0}^{\infty} \frac{(-1)^j}{j!\,\Gamma(j+\nu+1)} \left(\frac{x}{2}\right)^{2j+\nu} \psi(j+\nu+1).$$

类似可得

$$\partial_\nu J_{-\nu}(x) = \partial_\nu \sum_{j=0}^{\infty} \frac{(-1)^j}{j!\,\Gamma(j-\nu+1)} \left(\frac{x}{2}\right)^{2j-\nu}$$

$$= -J_{-\nu}(x) \ln \frac{x}{2} + \sum_{j=0}^{\infty} \frac{(-1)^j}{j!\,\Gamma(j-\nu+1)} \left(\frac{x}{2}\right)^{2j-\nu} \psi(j-\nu+1).$$

从而求得

$$Y_n(x) = \frac{1}{\pi} J_n(x) \ln \frac{x}{2} - \frac{1}{\pi} \sum_{j=0}^{\infty} \frac{(-1)^j}{j!\,\Gamma(j+n+1)} \left(\frac{x}{2}\right)^{2j+n} \psi(j+n+1) + \frac{(-1)^n}{\pi} J_{-n}(x) \ln \frac{x}{2}$$

$$- \frac{(-1)^n}{\pi} \left(\sum_{j=n}^{\infty} \frac{(-1)^j}{j!\,\Gamma(j-n+1)} \left(\frac{x}{2}\right)^{2j-n} \psi(j-n+1) + \sum_{j=0}^{n-1} \frac{(-1)^j}{j!} \left(\frac{x}{2}\right)^{2j-n} \lim_{\nu \to n} \frac{\psi(j-\nu+1)}{\Gamma(j-\nu+1)} \right).$$

利用公式

$$\psi(1-\nu+j) = \psi(\nu-j) + \pi\cot\pi(\nu-j), \qquad \Gamma(1-\nu+j) = \frac{\pi}{\Gamma(\nu-j)\sin\pi(\nu-j)}$$

计算极限

$$\lim_{\nu \to n} \frac{\psi(j-\nu+1)}{\Gamma(j-\nu+1)} = \cos\pi(n-j)\,\Gamma(n-j) = (-1)^{n-j}(n-j-1)!.$$

将此结果代入，并将倒数第二项中的求和指标做变换$j-n \to j$，即得$Y_n(x)$的级数表达式

$$Y_n(x) = \frac{2}{\pi} J_n(x) \ln \frac{x}{2} - \frac{1}{\pi} \sum_{j=0}^{n-1} \frac{(n-j-1)!}{j!} \left(\frac{x}{2}\right)^{2j-n} - \frac{1}{\pi} \sum_{j=0}^{\infty} \frac{(-1)^j}{j!\,(n+j)!} \left(\frac{x}{2}\right)^{2j+n} \Big(\psi(j+n+1)+\psi(j+1)$$

由函数$Y_n(x)$的级数表达式，容易分析出$Y_n(x)$在$x \to 0$时的渐近性：

$$x \to 0, \quad Y_n(x) \sim -\frac{(n-1)!}{\pi} \left(\frac{x}{2}\right)^{-n}, \; n \in \mathbb{Z}^+, \quad Y_0(x) \sim \frac{2}{\pi} \ln \frac{x}{2}.$$

4. 用常微分方程的幂级数解法求勒让德方程的通解.

考虑n阶勒让德方程

$$[(1-x^2)y']' + n(n+1)y = 0, \quad -1 < x < 1.$$

注意到$x = \pm 1$是方程的正则奇点，根据ODE的幂级数求解理论知，方程有幂级数形式的解，于是设

$$y = \sum_{k=0}^{\infty} a_k x^k.$$

代入方程得

$$\sum_{k=0}^{\infty} k(k-1)a_k x^{k-2} - \sum_{k=0}^{\infty}(k^2+k-n(n+1))a_k x^k = 0,$$

变形得

$$\sum_{k=0}^{\infty}(k+2)(k+1)a_{k+2}x^k - \sum_{k=0}^{\infty}(k^2+k-n(n+1))a_k x^k = 0.$$

比较系数得

$$a_{k+2} = a_k \frac{k(k+1)-n(n+1)}{(k+2)(k+1)} = \frac{(k-n)(k+n+1)}{(k+2)(k+1)}, \quad k = 0,1,2,\cdots.$$

有了系数的递推公式，那么我们可以通过选取适当的a_0和a_1得到方程的解. 另外，容易看到

$$a_{n+2} = a_{n+4} = \cdots = 0.$$

当n是偶数时，取$a_1 = 0$，则所有奇数次项的系数为0，此时我们可以得到一个只含偶数次的项的n次多项式解；而当n是奇数时，取$a_0 = 0$，则所有偶数次项的系数为0，此时可以得到一个只含奇数次的项的n次多项式解. 我们将这个n次多项式解记为$P_n(x)$. 选取

$$a_n = \frac{(2n)!}{2^n(n!)^2},$$

利用系数的递推公式，于是我们得到

$$P_n(x) = \frac{1}{2^n}\sum_{k=0}^{[\frac{n}{2}]} \frac{(-1)^k}{k!} \cdot \frac{(2n-2k)!}{(n-2k)!(n-k)!} x^{n-2k},$$

其中$[\cdot]$是取整函数. 我们将$P_n(x)$称为第一类勒让德函数，即勒让德多项式. 利用常微分方程的Liouville公式可求得勒让德方程的另外一个线性无关的解

$$Q_n(x) = P_n(x)\int \frac{1}{P_n^2(x)}\exp\Big(-\int \frac{-2x}{1-x^2}\,dx\Big)\,dx = P_n(x)\int \frac{1}{(1-x^2)P_n^2(x)}\,dx.$$

我们将$Q_n(x)$称为第二类勒让德函数. 经过复杂地计算，可得

$$Q_n(x) = \frac{1}{2}P_n(x)\ln\frac{1+x}{1-x} - \sum_{k=1}^{[\frac{n+1}{2}]} \frac{2n-4k+3}{(2k-1)(n-k+1)} P_{n-2k+1}(x).$$

容易看到$Q_n(\pm 1) = \infty$. 所以勒让德方程的通解为

$$y = C_1 P_n(x) + C_2 Q_n(x).$$

附录 E　古典偏微分方程研究记事

法国数学家达朗贝尔在18世纪中叶提出弦振动方程标志着数学物理方法(偏微分方程)的诞生，至今已有两百多年的发展历史. 我们这门课程里所探讨的数学物理方法主要是指偏微分方程从18世纪中叶到19世纪末的发展历史，这个阶段主要探讨偏微分方程显式解的求解方法. 在此发展过程中，很多数学家作出了贡献，这里我们给出简单的记要，供读者参考，仅限与本书教学内容相关的部分.

1. 1747年，法国天文学家、物理学家、数学家达朗贝尔提出了弦振动方程，并于1750年证明了达朗贝尔公式. 1763年，他进一步讨论了不均匀弦的振动，提出了广义的波动方程. 达朗贝尔是青年科学家的良师益友，拉格朗日和拉普拉斯在青年时都得到过他的鼓励和支持.

2. 1749年，欧拉发表《论弦的振动》，沿用了达朗贝尔的方法，引进了初始函数为正弦级数的特解. 1752–1759年，欧拉建立了拉普拉斯方程和高维波动方程.

3. 1788年，法国物理学家、数学家拉格朗日的《分析力学》出版，使力学的分析数学化，并总结了变分法的成果.

4. 1799–1825年，法国天文学家、物理学家、数学家拉普拉斯发表了长达五卷的巨著《天体力学》，其中包含许多数学贡献，比如提出拉普拉斯方程的求解方法、位势函数的概念，提出求解常微分方程的常数变易法，发明拉普拉斯变换，发明数值求解偏微分方程的差分方法等. 拉普拉斯被称为法国牛顿.

5. 1807年，法国物理学家、数学家傅立叶提出用傅立叶级数法研究热传导问题，他的思想总结在1822年发表的《热的解析理论》中. 另外，傅立叶变换的思想也是由傅立叶提出来的. 傅立叶级数和傅立叶变换不仅是有力的数学工具，更是进一步发展成为"傅立叶分析"这个重要数学分支，成为现代分析的基石.

6. 1810–1819年，自学成才的德国天文学家、数学家贝塞尔提出贝塞尔函数，讨论了该函数的一系列性质及其求值方法，为解决物理学和天文学的有关问题提供了重要工具.

7. 大约1811年，法国数学家勒让德命名伽玛函数，并给出伽玛函数的性质，发现勒让德多项式，并研究其性质. 勒让德身处一个人才辈出的时代，他亲眼看到自己大部分最得意的成果被更年轻和更有才能的人超过，难得的是他的大度和对年轻对手的热情赞扬.

8. 1813年，法国物理学家、数学家泊松从电学和磁学的角度研究泊松方程. 1818年，泊松推导出波动方程初值问题解的"泊松公式"，1835年出版了《热学的数学原理》，他在书中讨论了稳态热方程问题(泊松方程)，并利用三角级数和勒让德多项式给出了球面函数. 泊松是拉普拉斯的学生.

9. 1827年，法国数学家纳维建立了粘性介质流体中流体运动的数学模型，1845年英国数学家斯托克斯对该模型加以完善，得到纳维-斯托克斯方程组.

10. 1828年，英国数学家格林发表《数学分析在电磁理论中的应用》，发展了格林函数理论. 格林公式与格林函数已成为现代分析的基本工具，格林函数更被日益广泛地应用于现代物理的许多领域. 格林的工作孕育了以汤姆生、斯托克斯和麦克斯韦等人为代表的剑桥数学物理学派.

11. 1840年，法国天文学家、物理学家、数学家柯西研究并证明了微分方程初值问题解的存在性和唯一性，后来微分方程初值问题被称为柯西问题. 值得注意的是在他以前没有人提出过这种问题. 1875年，俄国女数学家柯瓦列夫斯卡娅发表《偏微分方程理论》，进一步发展了柯西的方法，证明了一大类偏微分方程柯西问题解的存在唯一性.

12. 1850年，德国数学家狄利克雷解决了傅立叶级数的逐点收敛性，研究了拉普拉斯方程的狄利克雷边值问题，狄利克雷青年时曾到巴黎求学，深受傅立叶等法国数学家的影响. 1851年，德国数学家黎曼给出了用变分法求解位势方程的狄利克雷原理.

13. 1860年，德国数学家赫姆霍茨在对一端开放的管道内的空气振动问题的研究中，得到了赫姆霍茨方程及其求解方法.

14. 1864年，英国物理学家、数学家麦克斯韦在电磁实验的基础上提出了麦克斯韦方程组，将电学和磁学统一为电磁学，预言了电磁波的存在. 麦克斯韦百年诞辰时，爱因斯坦盛赞他对物理学做出了"自牛顿时代以来的一次最深刻、最有成效的变革".

15. 1815–1827年，泊松、傅立叶以及柯西等人在研究中产生了狄拉克函数的思想. 1926年左右，英国物理学家狄拉克在研究量子力学中正式引入了狄拉克函数. 1945年，法国数学家施瓦茨用泛函分析观点为广义函数建立了整套严格的理论，并因此工作获得第二届菲尔茨奖.

更多的偏微分方程发展历史可以参考李文林的《数学史概论》和 M.Kline 的《古今数学思想》，而在保继光、李海刚编著的《偏微分方程基础》第一章中更是详细介绍了偏微分方程在中国的发展历史.

附录 F 课程教学要求与知识框架

经过多年教学实践，一般在48课时可以达到如下教学要求，教师可以根据实际情况做适当的改变。学生学完课程之后，也可按此要求复习相应的知识点。

1.掌握三类典型方程的推导，掌握初值条件的物理意义，熟练掌握三类边界条件在不同方程中的物理意义。理解定解问题的适定性概念。

2.掌握线性算子，线性方程，线性边界条件的基本概念，掌握线性叠加原理和线性拆分技巧，掌握一阶线性方程的特征线法，熟练掌握两个变量的二阶线性方程的分类方法。

3.理解平方可积空间的基本概念，掌握平方可积空间中的傅立叶级数收敛性的几个等价结论，理解平方可积空间的正交基的概念。

4.熟练掌握分离变量法求解一维波方程，一维热方程，直角坐标系下的拉普拉斯方程以及极坐标下的拉普拉斯方程。

5.熟练掌握不同边界条件下一维特征值问题的求解，理解和掌握自共轭算子特征值问题的一般结论。

6.熟练掌握特征函数展开法求解非齐次方程，理解和掌握用齐次化原理求解非齐次方程的方法。

7.熟练掌握非齐次边界条件的处理方法。

8.理解二维区域上正交基和二重傅立叶级数的概念，掌握分离变量法求高维特征值问题和高维方程。

9.理解复的傅立叶级数与傅立叶变换的关系，熟练掌握傅立叶变换以及逆变换的定义与相似性关系，知道傅立叶反演定理的结论，熟练掌握利用定义和性质计算一些函数的傅立叶变换。掌握狄拉克函数的定义和性质，以及相关函数的傅立叶变换。

10.熟练掌握利用傅立叶变换求解热方程和波方程，理解热方程和波方程基本解的概念，掌握傅立叶变换中卷积的计算和物理意义。掌握延拓法求解半无界问题。

11.知道高维傅立叶变换和逆变换的定义，掌握利用高维傅立叶变换求解高维热方程、波方程以及位势方程。

12.理解拉普拉斯变换与傅立叶变换的关系，熟练掌握一些函数的拉普拉斯变换及逆变换的结论，熟练掌握拉普拉斯变换的性质。理解拉普拉斯反演定理。

13.熟练掌握利用拉普拉斯变换求解各类方程，理解拉普拉斯变换中卷积的形式。

14.熟练掌握用行波法求解简单双曲型方程及其半无界问题。熟练掌握达朗贝尔公式，推广的达朗贝尔公式(非齐次方程)。掌握依赖区间，影响区域和决定区域的概念。

15.理解三维波方程的球面平均法，掌握三维波方程球对称解的计算方法，理解三维波和初始扰动的关系，会叙述惠更斯原理。

16.理解和掌握用降维法求二维波方程初值问题，熟练掌握用降维法将特殊的高维波方程初值问题转化为一维问题。

17.掌握散度定理，第一格林公式和第二格林公式。熟练掌握利用球对称性和通量法求拉普拉斯方程的基本解。理解试验函数法求基本解的思想。

18.掌握调和函数均值公式以及最值原理的结论。

19.熟练掌握各种边界条件下格林函数的定义和用格林函数表示位势方程的解。知道格林函数的对称性和奇异性。理解格林函数的物理含义。

20.熟练掌握利用基本解和镜像法构造特殊区域上的格林函数，掌握用格林函数求出位势方程边值问题的解。

21.知道保角变换的概念和常见的保角变换的性质，理解分式线性变换的特点，知道利用保角变换求二维区域上格林函数的结论，知道如何利用保角变换法求解二维区域上的拉普拉斯方程。知道热方程和波方程初边值问题的格林函数法。

22.理解鼓面振动与贝塞尔方程的关系，掌握贝塞尔方程的通解，掌握利用贝塞尔函数的递推公式求积分，熟练掌握用贝塞尔函数的性质讨论特征值问题，熟练掌握函数的贝塞尔级数展开。熟练掌握圆域、圆柱体上各类方程的求解。掌握汉克尔函数的定义与应用场景。

23.掌握勒让德多项式的定义，正交性，模值，完备性。掌握利用勒让德多项式讨论特征值问题，掌握勒让德级数的计算方法。知道连带勒让德方程的形式，掌握连带勒让德函数及其对应特征值问题的结论。

24.熟练掌握球体上拉普拉斯方程边值问题的求解。掌握球面拉普拉斯算子特征问题的结论，掌握球面函数的性质。

本书知识框架可以归纳为

- **微积分方法** 特征线法 (第一、四章) → 球面平均法，降维法 (第四章);

- **级数方法** 傅里叶级数 (第二章) → 贝塞尔级数，勒让德级数 (第六章);

- **积分变换法** 傅里叶变换 (第三章) → 拉普拉斯变换 (第三章);

- **格林函数法** 格林函数 (第五章)。

习题参考答案

习题一

1. 任取一小块Ω，密度是常数ρ，比热为常数C，则这一小块的总热能是
$$H(t) = \int_\Omega C\rho u(x,t)\,\mathrm{d}x.$$
$$H'(t) = \int_\Omega C\rho u_t(x,t)\,\mathrm{d}x = \tilde{k}\int_{\partial\Omega} \nabla u \cdot n\,\mathrm{d}S = \tilde{k}\int_\Omega \Delta u\,\mathrm{d}x, \quad \tilde{k} > 0,$$
所以
$$u_t = k\Delta u, \quad k = \frac{\tilde{k}}{C\rho}.$$

2.
$$\rho u_{tt} = Eu_{xx}, \quad \text{其中常数}\rho\text{是密度, 常数}E\text{是杨氏模量(弹性模量)}.$$

3.
$$\begin{cases} u_t - ku_{xx} = f(x,t), & 0 < x < l, \ t > 0, \\ u(0,t) = \mu(t), \quad u_x(l,t) = -\sigma(u(l,t) - v(t)), & t \geq 0, \\ u(x,0) = g(x), & 0 \leq x \leq l. \end{cases}$$

4. $(\sin nx)'' = -n^2\sin nx$, $(\sinh ny)'' = n^2\sinh ny$，代入即得.

5. (1)二阶，线性，非齐次；(2)二阶，线性，齐次；(3)三阶，非线性，齐次；(4)二阶，非线性，齐次；(5)二阶，线性，齐次；(6)一阶，非线性，齐次；(7)一阶，线性，齐次；(8)四阶，非线性，齐次.

6. (1) $u(x,y) = f(x^2 + \frac{1}{y})$, (2) $u(x,y) = f(y - \arctan x)$, (3) $u(x,y) = f(y - \frac{b}{a}x) \cdot e^{-\frac{c}{a}x}$.

7. 计算得$a_{12}^2 - a_{11}a_{22} = -y$. 当$y < 0$时，方程为双曲型；当$y = 0$时，方程为抛物型；而当$y > 0$时，方程为椭圆型. 所以 Tricomi 方程在全平面中称为混合型方程.

8. (1)双曲型；(2)$u(x,y) = f(x) + g(y)e^{-3x}$；(3)有解，不唯一.

习题二

1.
$$|(f_n, g) - (f, g)| = |(f_n - f, g)| \leq \|f_n - f\| \cdot \|g\| \to 0.$$

2.
$$(f, g) = \left(\sum_n (f, \phi_n)\phi_n, \sum_m (g, \phi_m)\phi_m\right) = \left(\sum_n (f, \phi_n)\phi_n, (g, \phi_n)\phi_n\right) = \sum_n (f, \phi_n)\overline{(g, \phi_n)}.$$

3. 提示:
$$f - \sum c_n\phi_n = \left(f - \sum (f, \phi_n)\phi_n\right) + \sum \left((f, \phi_n) - c_n\right)\phi_n \quad \text{正交分解}$$
$$\Rightarrow \quad \|f - \sum c_n\phi_n\|^2 = \|f - \sum (f, \phi_n)\phi_n\|^2 + \sum |(f, \phi_n) - c_n|^2.$$

4.
$$u(x,t) = \frac{\pi}{2} + \frac{1}{a}\sin at \cos x + \sum_1^\infty \frac{2((-1)^n - 1)}{\pi n^2} \cos ant \cos nx.$$

5.
$$u(x,t) = \sum_1^\infty A_n e^{-k\lambda_n t} \cos \frac{(2n-1)\pi x}{2l},$$
$$\lambda_n = \left(\frac{(2n-1)\pi}{2l}\right)^2, \quad A_n = \frac{2}{l}\int_0^l \varphi(x)\cos\frac{(2n-1)\pi x}{2l}\,\mathrm{d}x, \quad n = 1,2,\cdots.$$

6.
$$u(x,y) = \sum_1^\infty \frac{2}{n\pi}\sin\frac{n\pi x}{a}e^{-n\pi y/a}.$$

7.
$$u(r,\theta) = \frac{A_0}{2} + \sum_1^\infty (A_n\cos n\theta + B_n\sin n\theta)r^{-n},$$
$$A_n = \frac{a^n}{\pi}\int_0^{2\pi} h(\theta)\cos n\theta\,\mathrm{d}\theta, \quad n = 0,1,2,\cdots,$$
$$B_n = \frac{a^n}{\pi}\int_0^{2\pi} h(\theta)\sin n\theta\,\mathrm{d}\theta, \quad n = 1,2,\cdots.$$

8.
$$u(r,\theta) = \sum_1^\infty A_n r^{n\pi/\beta}\sin\frac{n\pi\theta}{\beta},$$
$$A_n = \frac{2}{n\pi}a^{1-n\pi/\beta}\int_0^\beta h(\theta)\sin\frac{n\pi\theta}{\beta}\,\mathrm{d}\theta, \quad n = 1,2,\cdots.$$

9.
$$u(x,y) = \frac{\sinh\pi(a-x)/b}{\sinh\pi a/b}\sin\frac{\pi y}{b} + \frac{\sinh\pi(b-y)/a}{\sinh\pi b/a}\sin\frac{\pi x}{a}.$$

10.
$$u(x,t) = \sum_{n=1}^\infty \left(A_n\cos\frac{n^2\pi^2 at}{l^2} + B_n\sin\frac{n^2\pi^2 at}{l^2}\right)\sin\frac{n\pi x}{l},$$
$$A_n = \frac{2}{l}\int_0^l \varphi(x)\sin\frac{n\pi x}{l}\,\mathrm{d}x, \quad B_n = \frac{2l}{n^2\pi^2 a}\int_0^l \psi(x)\sin\frac{n\pi x}{l}\,\mathrm{d}x, \quad n = 1,2,\cdots.$$

11.　记β_n是方程$\tan\beta = -\beta$的第n个正根，则
$$e.v. \ \lambda_n = \beta_n^2, \quad e.f. \ f_n(x) = \sin\beta_n x, \quad n = 1,2,\cdots.$$

12.　$e.v. \ \lambda_n = (2n\pi)^2, \quad e.f. \ f_n(x) = A_n\cos 2n\pi x + B_n\sin 2n\pi x, \quad n = 0,1,2,\cdots.$

13.
$$e.v. \ \lambda_n = \frac{1}{4} + \left(\frac{n\pi}{\ln b}\right)^2, \quad e.f. \ f_n(x) = \frac{1}{\sqrt{x}}\sin\frac{n\pi\ln x}{\ln b}, \quad n = 1,2,\cdots.$$

14.
$$u(x,t) = \frac{1}{2}A_0 + \sum_1^\infty \left(A_n\cos\frac{n\pi x}{l} + B_n\sin\frac{n\pi x}{l}\right)e^{-k(\frac{n\pi}{l})^2 t},$$
$$A_n = \frac{1}{l}\int_{-l}^l \varphi(x)\cos\frac{n\pi x}{l}\,\mathrm{d}x, \ n = 0,1,\cdots, \ B_n = \frac{1}{l}\int_{-l}^l \varphi(x)\sin\frac{n\pi x}{l}\,\mathrm{d}x, \ n = 1,2,\cdots.$$

15.
$$u(x,t) = 1 + \frac{1}{4k}(1 - e^{-4kt})\cos 2x.$$

16.
$$u(x,t) = \sum_1^\infty e^{-\frac{r}{2}t}\left(\varphi_n\cos\beta_n t + \frac{\psi_n + r\varphi_n/2}{\beta_n}\sin\beta_n t\right)\sin\frac{n\pi x}{l},$$

$$\beta_n = \frac{1}{2}\sqrt{(2n\pi a/l)^2 - r^2},\quad \varphi_n = \frac{2}{l}\int_0^l \varphi(x)\sin\frac{n\pi x}{l}\,dx,\quad \psi_n = \frac{2}{l}\int_0^l \psi(x)\sin\frac{n\pi x}{l}\,dx.$$

17.
$$u(x,t) = \sum_1^\infty \int_0^t f_n(s)e^{-\lambda_n(t-s)}\,ds \cdot \phi_n(x),\quad f_n(t) = \frac{(f,\phi_n)}{(\phi_n,\phi_n)}.$$

18.
$$u(x,t) = \sum_1^\infty \frac{f_n}{\omega^2 - \omega_n^2}\left(\frac{\omega}{\omega_n}\sin\omega_n t - \sin\omega t\right)\sin\frac{n\pi x}{l}.$$

$$f_n = \frac{2}{l}\int_0^l f(x)\sin\frac{n\pi x}{l}\,dx,\quad \omega_n = \frac{an\pi}{l}.$$

19. 提示：参考例2.9中的方法，化为极坐标下求解.
$$u(r,\theta) = 1 - \left[\frac{a^6 + 2b^6}{a^4 + b^4}r^2 + \frac{a^4 b^4(a^2 - 2b^2)}{a^4 + b^4}r^{-2} - r^4\right]\cos 2\theta.$$

20. 略.

21. 构造辅助问题
$$\begin{cases} w_t + aw_x = 0, & -\infty < x < \infty,\ t > 0, \\ w(x,0;s) = f(x,s), & -\infty < x < \infty, \end{cases}$$
则
$$u(x,t) = \int_0^t w(x,t-s;s)\,ds = \int_0^t f(x - a(t-s),s)\,ds.$$

22. 构造关于含参数s的函数$w(x,t;s)$的辅助问题
$$\begin{cases} w_t - kw_{xx} = 0, & 0 < x < \pi,\ t > 0, \\ w(0,t;s) = w(\pi,t;s) = 0, & t \geq 0, \\ w(x,0;s) = s\sin x, & 0 \leq x \leq \pi. \end{cases}$$
解得$w(x,t;s) = se^{-kt}\sin x$. 由热方程齐次化原理知
$$u(x,t) = \int_0^t w(x,t-s;s)\,ds = \int_0^t se^{-k(t-s)}\sin x\,ds = \left(\frac{t}{k} + \frac{e^{-kt} - 1}{k^2}\right)\sin x.$$

23.
$$u(x,t) = \omega t + \frac{x}{l}(\sin\omega t - \omega t).$$

24.
$$w(x) = \frac{1}{a^2}(1 + \cos x) + A.$$

25.
$$u(x,t) = \frac{x}{l}\sin\omega t + \sum_{n=1}^\infty \frac{2(-1)^n}{n\pi}\cdot\frac{\omega}{\omega_n^2 - \omega^2}\left(\omega\sin\omega t - \omega_n\sin\omega_n t\right)\sin\frac{n\pi x}{l}.$$

26.

$$u(x,y,z) = \frac{1}{\pi \sinh 5\pi} \cos 3\pi x \cos 4\pi y \cosh 5\pi z.$$

27.

$$u(x,y,t) = \sum_{n,m=1}^{\infty} A_{nm} e^{-kt} \sin \sqrt{a^2(m^2+n^2) - k^2} t \sin nx \sin my.$$

$$A_{nm} = \frac{4}{\pi^2 \sqrt{a^2(m^2+n^2) - k^2}} \int_0^\pi \int_0^\pi g(x,y) \sin nx \sin my \, \mathrm{d}x \mathrm{d}y.$$

28.

$$u(x,t) = \sum_{n=1}^{\infty} \varphi_n e^{k(\frac{n\pi}{T})^2 T} e^{-k(\frac{n\pi}{T})^2 t} \sin \frac{n\pi x}{l},$$

其中

$$\varphi_n = \frac{2}{l} \int_0^l \varphi(x) \sin \frac{n\pi x}{l} \, \mathrm{d}x.$$

该解关于输入数据 $\varphi(x)$ 不稳定，可以采用一个稳定的近似解，比如

$$u_\alpha(x,t) = \sum_{n=1}^{\infty} \varphi_n \frac{1}{\alpha + e^{-k(\frac{n\pi}{T})^2 T}} e^{-k(\frac{n\pi}{T})^2 t} \sin \frac{n\pi x}{l}, \quad 0 \le t < T,$$

其中参数 $\alpha > 0$，称为正则化参数.

习题三

1.

$$(1) \ \frac{2i\sin\pi\omega}{\omega^2 - 1}, \quad (2) \ \sqrt{\frac{\pi}{2}} e^{-\frac{(\omega+2i)^2}{8}}, \quad (3) \ \frac{-12i\omega}{(\omega^2+9)^2}, \quad (4) \ -i\pi \mathrm{sgn}\omega \cdot e^{-\sqrt{2}|\omega|}.$$

2.

$$\int_0^\infty \sin ct\omega \cdot \sin r\omega \, \mathrm{d}\omega = \int_0^\infty \frac{e^{ict\omega} - e^{-ict\omega}}{2i} \cdot \frac{e^{ir\omega} - e^{-ir\omega}}{2i} \, \mathrm{d}\omega$$

$$= \frac{1}{4} \int_{-\infty}^\infty e^{i(r-ct)\omega} - e^{i(r+ct)\omega} \, \mathrm{d}\omega = \frac{1}{4} \cdot 2\pi [\delta(r - ct) - \delta(r + ct)].$$

3. 因为 $|\omega| > \pi$, $\widehat{f}(\omega) = 0$，所以令

$$\widehat{f}(\omega) = \sum_{-\infty}^{\infty} c_{-n}(\omega) e^{-in\omega},$$

其中

$$c_{-n} = \frac{1}{2\pi} \int_{-\pi}^\pi \widehat{f}(\omega) e^{in\omega} \, \mathrm{d}\omega = \frac{1}{2\pi} \int_{-\infty}^\infty \widehat{f}(\omega) e^{in\omega} \, \mathrm{d}\omega = f(n).$$

$$\Rightarrow \quad f(x) = \frac{1}{2\pi} \int_{-\infty}^\infty \widehat{f}(\omega) e^{ix\omega} \, \mathrm{d}\omega = \frac{1}{2\pi} \int_{-\pi}^\pi \sum_{-\infty}^{\infty} f(n) e^{-in\omega} e^{ix\omega} \, \mathrm{d}\omega$$

$$= \sum_{-\infty}^{\infty} f(n) \left[\frac{1}{2\pi} \int_{-\pi}^\pi e^{i(x-n)\omega} \, \mathrm{d}\omega \right] = \sum_{-\infty}^{\infty} f(n) \frac{\sin \pi(x-n)}{\pi(x-n)}.$$

4.

(1) $u(x,t) = g(x-2t)$,   (2) $u(x) = \dfrac{1}{2a}e^{-a|x|}$.

5.

$$u(x,t) = \varphi(x) * H(x-bt,t)e^{-ct} + \int_0^t f(x,t-s) * H(x-bs,s)e^{-cs}\,\mathrm{d}s,.$$

其中$H(x,t)$为热核.

6.

$$u(x,t) = \varphi(x) * \frac{1}{\sqrt{2\pi it}}e^{-\frac{x^2}{2it}}.$$

7.

$$u(x,y) = f * F^{-1}\Big[\frac{\sinh y\omega}{\sinh \omega}\Big] = f(x) * \frac{1}{2} \cdot \frac{\sin \pi y}{\cosh \pi x + \cos \pi y}.$$

8.

$$u(x,t) = \frac{1}{2a}J_0\Big(m\sqrt{t^2 - \frac{x^2}{a^2}}\Big)H\Big(t - \frac{|x|}{a}\Big).$$

9.

$$u(x,t) = \begin{cases} t + \sin x \cos at - \dfrac{1}{a}\cos x \sin at, & x > at, \\ t + \Big(1 - \dfrac{1}{a}\Big)\cos x \sin at, & 0 < x \le at. \end{cases}$$

10. (1) Dirichlet边界条件下，采样奇延拓，计算得

$$u(x,t) = \int_0^\infty [H(x-y,t) - H(x+y,t)]g(y)\,\mathrm{d}y.$$

(2) Neumann边界条件下，采样偶延拓，计算得

$$u(x,t) = \int_0^\infty [H(x-y,t) + H(x+y,t)]g(y)\,\mathrm{d}y.$$

(3) Robin边界条件下，此时仍然采用延拓法.

$$u(x,t) = \int_0^\infty [H(x-y,t) + H(x+y,t)]g(y)\,\mathrm{d}y + 2\sigma \int_0^\infty \int_0^y e^{\sigma(y-s)}H(x+y,t)g(s)\mathrm{d}s\mathrm{d}y.$$

11.

$$f(x) = \frac{a(b-a)}{\pi b[x^2 + (b-a)^2]}.$$

12.

$$u(x) = F^{-1}\Big[\frac{1}{|\omega|^2 + m^2}\Big] = \frac{e^{-m|x|}}{4\pi|x|}.$$

13.

$$u(x,t) = \int_0^t W(x,t-s)f(s)\,\mathrm{d}s.$$

14.

(1) $\dfrac{\omega}{p^2 - \omega^2}$ (2) $\dfrac{p}{p^2 - \omega^2}$ (3) e^{-2p} (4) $\dfrac{2\omega p}{(p^2 + \omega^2)^2}$ (5) $\ln\Big(1 + \dfrac{\omega}{p}\Big).$

15.

(1) $1 - \cos t$ (2) $2\cos 3t + \sin 3t$ (3) $\dfrac{3}{2}e^{3t} - \dfrac{1}{2}e^{-t}$

(4) $\dfrac{1}{4}t\sin 2t$ (5) $\dfrac{1}{2}H(t-2)(t-2)^2 e^{-3(t-2)}$.

16.
$$y(t) = (\dfrac{1}{2}t + \dfrac{7}{4})e^{-t} - \dfrac{3}{4}e^{-3t}.$$

17.
$$y(t) = e^{-t}\sin t.$$

18.
$$y(t) = \sin t + H(t-\pi)\sin t + H(t-2\pi)\sin t.$$

19.
$$y(t) = -t + \dfrac{1}{2}\sinh t + \dfrac{1}{2}\sin t.$$

20.
$$y(t) = a\,te^{-at}.$$

21.
$$u(x,t) = x(1 - e^{-t}).$$

22.
$$u(x,t) = \int_0^t f(t-s)e^{-as}\dfrac{x}{\sqrt{4\pi k s^{3/2}}}e^{-\frac{x^2}{4ks}}\,\mathrm{d}s.$$

23.
$$\omega \neq a\pi \text{ 时},\ u(x,t) = \dfrac{\cos a\pi t - \cos \omega t}{\omega^2 - a^2\pi^2}\sin \pi x,$$

$$\omega = a\pi \text{ 时},\ u(x,t) = \dfrac{t\sin a\pi t}{2a\pi}\sin \pi x.$$

24.
$$u(x,t) = 1 + e^{-4\pi^2 kt/l^2}\cos\dfrac{2\pi x}{l}.$$

25. 略.

习题四

1. $u(x,t) = g(x - bt)$.

2. $u(x,t) = x^2 + 4t^2 + \dfrac{3}{2}\cos x\sin 2t$.

3. $u(x,t) = x^2 + \dfrac{1}{4}t^2 + \dfrac{4}{5}(e^{x+t/4} - e^{x-t})$.

4. $u(x,t) = \varphi(\dfrac{x-t}{2}) + \psi(\dfrac{x+t}{2}) - \varphi(0)$.

5. $u(x,y) = x\sin x - xy$.

6. 当 $x \geq at$ 时,

$$u(x,t) = \dfrac{1}{2}[\varphi(x+at) + \varphi(x-at)] + \dfrac{1}{2a}\int_{x-at}^{x+at}\psi(y)\,\mathrm{d}y,$$

当$0 < x < at$时，
$$u(x,t) = h(t - \frac{x}{a}) + \frac{1}{2}[\varphi(x+at) - \varphi(at-x)] + \frac{1}{2a}\int_{at-x}^{x+at} \psi(y)\,\mathrm{d}y.$$

7.
$$u(x,y,t) = 2x + 6t\sin y - 2\sin t\sin y.$$

8.
$$u(x,y,z,t) = \frac{1}{2}\Big(f(x+at) + f(x-at)\Big) + \frac{1}{2}\Big(g(y+at) + g(y-at)\Big)$$
$$+ \frac{1}{2a}\int_{y-at}^{y+at} \varphi(\xi)\mathrm{d}\xi + \frac{x}{2a}\int_{z-at}^{z+at} \psi(\eta)\mathrm{d}\eta.$$

9.
$$v = u_t, \ v_{tt} = u_{ttt} = a^2\Delta(u_t) = a^2\Delta v, \ v(x,0) = u_t(x,0) = h(x),$$
$$v_t(x,0) = \lim_{t\to 0+} u_{tt}(x,t) = \lim_{t\to 0+} a^2\Delta u(x,t) = 0.$$

10. 提示：显然u与球坐标中的θ, φ无关，令$v(r,t) = ru(r,t)$，$v(0,t) = h(t)$，用$h(t)$表示出$v(r,t)$，利用$r = 0$处的条件解出$h(t)$，从而计算出$u(r,t)$.
$$u(r,t) = 0, \ t \geq \frac{r}{a}, \qquad u(r,t) = -\frac{1}{4\pi r}g(t - \frac{r}{a}), \ 0 \leq t \leq \frac{r}{a}.$$

11. 略.

12. 提示：右行波$f(x - c_1 t)$传播至$x = 0$处，会产生一个左行波$h(x + c_1 t)$和一个右行波$g(x - c_2 t)$，利用连接条件求出函数h, g即可.
$$u(x,t) = f(x - c_1 t) + \frac{c_2 - c_1}{c_2 + c_1}f(-x - c_1 t), \ x < 0,$$
$$u(x,t) = \frac{2c_2}{c_2 + c_1}f(\frac{c_1}{c_2}(x - c_2 t)), \ x > 0.$$

习题五

1. 令$|x| = r$，则$r > 0$时
$$\phi''(r) + \frac{1}{r}\phi'(r) = 0 \ \Rightarrow \ \phi(r) = C\ln r + D.$$
一般规定$\phi(1) = 0$，故$D = 0$，下面求常数C.
$$-1 = \int_{\mathbb{R}^2}\Delta\phi\,\mathrm{d}x = \int_{|x|<\varepsilon}\Delta\phi\,\mathrm{d}x = \int_{|x|=\varepsilon}\frac{\partial\phi}{\partial n}\,\mathrm{d}s = \int_{|x|=\varepsilon}\frac{C}{\varepsilon}\,\mathrm{d}s = 2\pi C, \ \Rightarrow \ C = -\frac{1}{2\pi}.$$

2.
$$r = |x|, \ \int_{\mathbb{R}^3}\Delta\frac{1}{r}\,\mathrm{d}x = \lim_{a\to 0}\int_{\mathbb{R}^3}\Delta(\frac{1}{\sqrt{r^2+a^2}})\,\mathrm{d}x$$
$$= -\lim_{a\to 0}\int_0^{2\pi}\mathrm{d}\varphi\int_0^{\pi}\mathrm{d}\theta\int_0^{\infty}\frac{3a^2 r^2}{(r^2+a^2)^{5/2}}\sin\theta\mathrm{d}r$$
$$= -12\pi\lim_{a\to 0}\int_0^{\infty}\frac{a^2 r^2}{(r^2+a^2)^{5/2}}\,\mathrm{d}r = -4\pi. \quad (r = a\tan t)$$

又因为$r > 0$时，$\Delta \frac{1}{r} = 0$，所以$-\Delta(\frac{1}{4\pi|x|}) = \delta(x)$.

3. (1) 令$|x| = r$，则$r > 0$时

$$\phi''(r) + \frac{2}{r}\phi'(r) + k^2\phi(r) = 0 \ \Rightarrow \ (r\phi(r))'' + k^2 r\phi(r) = 0 \ \Rightarrow \ \phi(r) = A\frac{e^{ikr}}{r} + B\frac{e^{-ikr}}{r},$$

因为$\lim\limits_{r\to\infty} r(\phi_r - ik\phi) = 0$，所以$B = 0$.下面利用通量法求系数$A$.

$$-1 = \int_{\mathbb{R}^3} \Delta\phi + k^2\phi \, dx = \int_{|x|<\varepsilon} \Delta\phi + k^2\phi \, dx = \int_{|x|=\varepsilon} \frac{\partial\phi}{\partial n} \, dS + k^2\int_{|x|<\varepsilon} \phi \, dx.$$

其中

$$\int_{|x|=\varepsilon} \frac{\partial\phi}{\partial n} \, dS = \int_{|x|=\varepsilon} A\left(-\frac{1}{\varepsilon^2}e^{ik\varepsilon} + \frac{ik}{\varepsilon}e^{ik\varepsilon}\right) dS = -4\pi A(1 - ik\varepsilon)e^{ik\varepsilon}.$$

$$k^2\int_{|x|<\varepsilon} \phi \, dx = 4\pi A k^2\int_0^\varepsilon re^{ikr} \, dr = 4\pi A(-ik\varepsilon e^{ik\varepsilon} + e^{ik\varepsilon} - 1),$$

代入得$-1 = -4\pi A \ \Rightarrow \ A = \frac{1}{4\pi}$，所以

$$\phi(x) = \frac{e^{ik|x|}}{4\pi|x|}.$$

(2)

$$u(x) = -\frac{e^{ik|x|}}{4\pi|x|} * f(x).$$

4.

$$y = Rx, \ R = (a_{ij}), \ RR^T = I, \ y_j = a_{j1}x_1 + \cdots + a_{jn}x_n, \ \frac{\partial y_j}{\partial x_i} = a_{ji},$$

$$v_{x_i} = \sum_{j=1}^n u_{y_j}\frac{\partial y_j}{\partial x_i} = \sum_{j=1}^n u_{y_j}a_{ji} \ \Rightarrow \ \nabla_x v = R^T\nabla_y u,$$

$$\Delta_x v = R^T\nabla_y \cdot R^T\nabla_y u = (R^T\nabla_y)^T R^T\nabla_y u = \nabla_y^T RR^T\nabla_y u = \nabla_y^T\nabla_y u = \Delta_y u.$$

5. 当$x \notin \partial D$时，

$$I = \int_{\partial D} \frac{\partial\phi(x-y)}{\partial n} \, dS_y = \int_D \Delta\phi(x-y) \, dy = -\int_D \delta(x-y) \, dy,$$

所以

$$x \in D \text{ 时,} \ I = -1, \quad x \notin \overline{D} \text{ 时,} \ I = 0.$$

当$x \in \partial D$时，由于$\phi(x-y)$在$y = x$处有奇性，所以我们以x为中心作一个半径为ε小圆，在边界∂D和小圆围成的区域上(此区域在圆外)利用公式(5.1.4)，最后让半径$\varepsilon \to 0$，计算即得$I = -\frac{1}{2}$.

6.

$$u_{max} = 1, \quad u_{min} = 0, \quad u(0, \theta, \varphi) = 2/3.$$

7. $n = 2$时，只需证明$\dfrac{1}{2\pi}\ln\dfrac{1}{|x-y|} \in L^2(D), \ \forall y \in D$,

$$\int_D |\ln\frac{1}{|x-y|}|^2\,\mathrm{d}x \leq C\int_{B_\rho(y)} |\ln\frac{1}{|x-y|}|^2\,\mathrm{d}x \leq C\int_0^\rho r|\ln\frac{1}{r}|^2\,\mathrm{d}r < \infty.$$

$n = 3$时，只需证明$\dfrac{1}{4\pi|x-y|} \in L^2(D), \ \forall y \in D$,

$$\int_D |\frac{1}{|x-y|}|^2\,\mathrm{d}x \leq C\int_{B_\rho(y)} \frac{1}{|x-y|^2}\,\mathrm{d}x \leq C\int_0^\rho \mathrm{d}r < \infty.$$

8. 令$u_1(x), u_2(x)$是问题的两个解，取$v(x) = u_1(x) - u_2(x)$，则

$$\begin{cases} -\Delta v = 0, & x \in D, \\ \dfrac{\partial v}{\partial n} + \sigma v = 0, & x \in \partial D. \end{cases}$$

方程两边乘$v(x)$并在D上积分后，利用第一格林公式讨论即得.

9.
$$\begin{cases} -\Delta_y G(x,y) = \delta(x-y), & x \in D, \ y \in D, \\ G(x,y) = 0, & x \in D, \ y \in \Gamma_1, \\ \dfrac{\partial G}{\partial n}(x,y) = 0, & x \in D, \ y \in \Gamma_2. \end{cases}$$

$$u(x,y) = \int_D G(x,y)f(y)\,\mathrm{d}y - \int_{\Gamma_1} \frac{\partial G}{\partial n}(x,y)g(y)\,\mathrm{d}S_y + \int_{\Gamma_2} G(x,y)h(y)\,\mathrm{d}S_y.$$

10.
$$G(x,x_0) = \frac{1}{4\pi|x-x_0|} + \frac{1}{4\pi|x-x_0^*|}, \quad x_0 = (x_1^0, x_2^0, x_3^0), \ x_0^* = (x_1^0, x_2^0, -x_3^0).$$

$$u(x_1,x_2,x_3) = -\iint_{R^2} \frac{h(\xi,\eta)}{2\pi\sqrt{(\xi-x_1)^2 + (\eta-x_2)^2 + x_3^2}}\,\mathrm{d}\xi\mathrm{d}\eta.$$

11.
$$G(x,y,x_0,y_0) = -\frac{1}{2\pi}\ln\sqrt{(x-x_0)^2 + (y-y_0)^2} - \frac{1}{2\pi}\ln\sqrt{(x+x_0)^2 + (y+y_0)^2}$$
$$+ \frac{1}{2\pi}\ln\sqrt{(x-x_0)^2 + (y+y_0)^2} + \frac{1}{2\pi}\ln\sqrt{(x+x_0)^2 + (y-y_0)^2}.$$

12. 提示：在半圆区域中任选一点$P = (x_0,y_0)$放置一个单位正电荷，求出该点关于圆弧的对称点$P^* = \dfrac{(x_0,y_0)R^2}{x_0^2+y_0^2}$放置一个单位负电荷；在点$Q = (x_0,-y_0)$放置一个单位负电荷，求出点$(x_0,-y_0)$关于圆弧的对称点$Q^* = \dfrac{(x_0,-y_0)R^2}{x_0^2+y_0^2}$放置一个单位正电荷. 将这4个点电荷的电势叠加即得所需的格林函数.

13. 提示：在区域内任取一点$x = (x_1,x_2,x_3)$放置一个单位正电荷，求出该点关于边界平面的对称点x^*，

$$x^* = (x_1/3 - 2x_2/3 - 2x_3/3, \ x_2/3 - 2x_1/3 - 2x_3/3, \ x_3/3 - 2x_1/3 - 2x_2/3),$$

并在x^*处放置一个单位负电荷. 将这两个点电荷的电势叠加得所需的格林函数，即

$$G(x,y) = \frac{1}{4\pi|y-x|} - \frac{1}{4\pi|y-x^*|}.$$

14. 略.

15. 提示：利用例2.12中的拉普拉斯算子在正方形区域上的特征函数系，将格林函数和二维狄拉克函数按此特征函数系展开，代入方程即得.

$$G(x, y, x_0, y_0) = \sum_{n,m=1}^{\infty} \frac{4}{\pi^2(m^2 + n^2)} \sin nx_0 \sin my_0 \sin nx \sin my.$$

16. 将区域D变为w平面中的区域：$\{w \mid |w| < 1, |w + \frac{5}{4}i| > \frac{3}{4}\}$.

17.

$$w = \left(-i \frac{z-1}{z+1}\right)^3.$$

18. 提示：先将扇形的半径变为1，然后变成上半单位圆，再变成四分之一平面，最后变成上半平面.

$$w = \left(-i \frac{(z/R)^3 - 1}{(z/R)^3 + 1}\right)^2.$$

19.

$$G(z, z_0) = -\frac{1}{2\pi} \ln \left| \frac{z^3 - z_0^3}{z^3 - \overline{z_0}^3} \right|.$$

20.

$$u(r, \theta) = \frac{A}{\pi} \arctan \frac{2r^4 \sin 4\theta}{r^8 - 1}.$$

习题六

1. $J_2 = \frac{2}{x} J_1 - J_0, \qquad J_3 = (\frac{8}{x^2} - 1) J_1 - \frac{4}{x} J_0.$

2. (1) 略. (2) 利用J_ν和Y_ν在∞处的渐进表达式.

(3) 对r求导数得

$$\left(\frac{1}{\sqrt{r}} H_\nu^+(kr)\right)' = -\frac{1}{2r^{3/2}} H_\nu^+(kr) + \frac{1}{\sqrt{r}} k H_\nu^{+'}(kr),$$

$$\lim_{r \to +\infty} r\left(\frac{1}{\sqrt{r}} H_\nu^+(kr)\right)' - ik\sqrt{r} H_\nu^+(kr) = \lim_{r \to +\infty} -\frac{1}{2r^{1/2}} H_\nu^+(kr) + k\sqrt{r}\left(H_\nu^{+'}(kr) - i H_\nu^+(kr)\right)$$

$$= \lim_{r \to +\infty} k\sqrt{r}\left(H_\nu^{+'}(kr) - i H_\nu^+(kr)\right) = \lim_{r \to +\infty} k\sqrt{r}\left(\frac{1}{2}(H_{\nu-1}^+(kr) - H_{\nu+1}^+(kr)) - i H_\nu^+(kr)\right) = 0.$$

上面最后一步计算，只需将(2)中的渐进性质代入即得. 从计算结果知 $\frac{1}{\sqrt{r}} H_\nu^+(kr)$ 满足辐射条件，是发散波. 从上面的计算过程，容易看到 $\frac{1}{\sqrt{r}} H_\nu^-(kr)$ 不满足辐射条件，我们称之为汇聚波. (4) 略.

(5) 基本解具有球对称性，记基本解为$\phi(r)$，将方程化为

$$\phi'' + \frac{1}{r}\phi' + k^2\phi = 0, \quad r > 0 \quad \Rightarrow \quad \phi(r) = A H_0^+(kr) + B H_0^-(kr),$$

由$r = +\infty$处的辐射条件知$B = 0$. 下面利用通量法求系数A. 方程两边在$\mathbb{R}^2$上积分得

$$-1 = \int_{\mathbb{R}^2} \Delta\phi + k^2\phi \, dx = \int_{|x|<\varepsilon} \Delta\phi + k^2\phi \, dx = \int_{|x|=\varepsilon} \frac{\partial\phi}{\partial n} \, ds + k^2 \int_{|x|<\varepsilon} \phi \, dx$$

$$= Ak \int_{|x|=\varepsilon} (H_0^+)'(k\varepsilon) \, ds + 2\pi A k^2 \int_0^\varepsilon r H_0^+(kr) \, dr = -2\pi A i \lim_{r\to 0+} kr Y_1(kr).$$

利用到$Y_1(x)$的渐近性质$x \to 0$, $Y_1(x) \sim -\dfrac{2}{\pi x}$得

$$-1 = 4Ai \Rightarrow A = \frac{i}{4} \Rightarrow \phi(x) = \frac{i}{4} H_0^+(k|x|).$$

3.

$$f(x) = 2a^2 \sum_1^\infty \frac{\mu_k J_1(\mu_k) - 2J_2(\mu_k)}{\mu_k^2 J_1^2(\mu_k)} J_0(\mu_k x/a) = 2a^2 \sum_1^\infty \frac{\mu_k^2 - 4}{\mu_k^3 J_1(\mu_k)} J_0(\mu_k x/a),$$

$$g(x) = 4a^2 \sum_1^\infty \frac{J_2(\mu_k)}{\mu_k^2 J_1^2(\mu_k)} J_0(\mu_k x/a) = 8a^2 \sum_1^\infty \frac{1}{\mu_k^3 J_1(\mu_k)} J_0(\mu_k x/a).$$

4.

$$1 - x^2 = \frac{1}{2} + \sum_1^\infty \frac{4J_2(\widehat{\mu_k})}{\widehat{\mu_k}^2 J_0^2(\widehat{\mu_k})} J_0(\widehat{\mu_k} x).$$

5. 提示: 对于任意的$f \in L^2[0,l]$, 令$r = \sqrt{l}x$, $g(r) = f(x)$, 则

$$\int_0^l r g^2(r) \, dr = \frac{l}{2} \int_0^l f^2(x) \, dx < \infty \Rightarrow g \in L_r^2[0,l].$$

又因为$\{J_0(\mu_k \frac{r}{l})\}_1^\infty$是$L_r^2[0,l]$的一组正交基, 则

$$f(x) = g(r) = \sum_1^\infty A_k J_0(\mu_k \frac{r}{l}) = \sum_1^\infty A_k J_0(\mu_k \sqrt{\frac{x}{l}}). \text{ 得证.}$$

另外, 计算可得$\{\phi_k\}_1^\infty$的正交性以及$\|\phi_k\|^2 = l J_1^2(\mu_k)$.

6.

$$e.v. \ \lambda_k = \frac{\mu_k^2}{4a}, \quad e.f. \ \phi_k(x) = \mu_k \sqrt{\frac{x}{a}}, \text{ 其中 } \mu_k \text{ 是 } J_0(x) \text{ 第}k\text{个正零点, } k = 1,2,\cdots.$$

7.

$$e.v. \ \lambda_k = \beta_k^2, \qquad e.f. \ J_0(\beta_k r),$$

其中β_k是方程$\beta J_1(a\beta) = \sigma J_0(a\beta)$第$k$个正根, $k = 1,2,\cdots.$

8. $u(r) = J_0(kr)/J_0(ka)$.   注: 第8-12题解法类似.

9. $u(r) = H_0^+(kr)/H_0^+(ka)$.

10. 提示: 分析知u只与球坐标中的变量r有关, 记为$u(r)$, 代入问题得

$$r^2 u'' + 2r u' + k^2 r^2 u = 0,$$

令$w(r) = \sqrt{r} u(r)$, 则

$$r^2 w'' + r w' + (k^2 r^2 - (\frac{1}{2})^2)w = 0,$$

利用贝塞尔方程的解知

$$u(r) = \frac{A}{\sqrt{r}} J_{1/2}(kr) + \frac{B}{\sqrt{r}} Y_{1/2}(kr),$$

又因为 $|u(0)| < \infty$, $u(a) = 1$，解得

$$u(r) = \sqrt{\frac{a}{r}} J_{1/2}(kr) / J_{1/2}(ka).$$

11. $u(r) = \sqrt{\dfrac{a}{r}} H_{1/2}^+(kr) / H_{1/2}^+(ka).$ 提示：$w(r) = \sqrt{r} u(r).$

12. $u(r) = J_0(ikr) / J_0(ika).$

13.

$$u(r) = B - 2B \sum_{1}^{\infty} \frac{1}{\mu_n^{(0)} J_1(\mu_n^{(0)})} e^{-k(\mu_n^{(0)})^2 t / a^2} J_0\left(\frac{\mu_n^{(0)}}{a} r\right).$$

14.

$$u(r,t) = \sum_{k=1}^{\infty} \frac{2A}{\mu_k J_1(\mu_k)} \cdot \frac{1}{\omega^2 - \omega_k^2} \left(\sin \omega t - \frac{\omega}{\omega_k} \sin \omega_k t \right) J_0\left(\frac{\mu_k}{a} r\right).$$

15.

$$u(r,\theta,t) = \sum_{1}^{\infty} \frac{2a^2}{c(\mu_k^{(1)})^2 J_2(\mu_k^{(1)})} \sin \theta \sin \frac{c\mu_k^{(1)} t}{a} J_1\left(\frac{\mu_k^{(1)}}{a} r\right).$$

16. 利用二项式展开得

$$\frac{1}{2^n n!}(x^2 - 1)^n = \frac{1}{2^n n!} \sum_{j=0}^{n} \frac{(-1)^j n!}{j!(n-j)!}(x^2)^{n-j} = \sum_{j=0}^{n} \frac{(-1)^j}{2^n j!(n-j)!} x^{2n-2j}.$$

再对上式求 n 次导数，那么 x^{n-1} 及比其低次的项将为零，所以只需要考虑 $2n - 2j \geq n$ 的项，即 $j \leq n/2$. 这样上面的求和指标 j 只需考虑 $j = 0$ 到 $j = [n/2]$，其中 $[\cdot]$ 为取整函数. 于是

$$P_n(x) = \frac{\mathrm{d}^n}{\mathrm{d}x^n} \left(\sum_{j=0}^{[n/2]} \frac{(-1)^j}{2^n j!(n-j)!} x^{2n-2j} \right)$$

$$= \sum_{j=0}^{[n/2]} \frac{(-1)^j (2n-2j)(2n-2j-1) \cdots (n-2j+1)}{2^n j!(n-j)!} x^{n-2j}$$

$$= \sum_{j=0}^{[n/2]} \frac{(-1)^j (2n-2j)(2n-2j-1) \cdots (n-2j+1)(n-2j)!}{2^n j!(n-j)!(n-2j)!} x^{n-2j}$$

$$= \sum_{j=0}^{[n/2]} \frac{(-1)^j (2n-2j)!}{2^n j!(n-j)!(n-2j)!} x^{n-2j}.$$

17. $I_n = \dfrac{2^{n+1}(n!)^2}{(2n+1)!}.$ 18. $\dfrac{2n}{4n^2 - 1}.$ 19. $\dfrac{2n(n+1)}{2n+1}.$

20.   验证略. $x^4 = \dfrac{1}{5} P_0(x) + \dfrac{4}{7} P_2(x) + \dfrac{8}{35} P_4(x).$

21. 递推公式(2)的证明，提示：等式(6.2.5)两边对x求导，变形后比较z^{n+1}项的系数即得.

22.
$$u(x,t) = \sum_0^\infty c_n e^{-n(n+1)kt} P_n(x), \quad c_n = \frac{2n+1}{2} \int_{-1}^1 f(x) P_n(x)\,\mathrm{d}x.$$

23. $u(r,\theta) = 3 + 4r\cos\theta.$

24.
$$u(r,\theta,\varphi) = \frac{2}{3} r^2 P_2^1(\cos\theta)\cos\varphi.$$

25.
$$u = \frac{1}{2}(A+B) + (A-B)\sum_{j=1}^\infty \frac{(-1)^{j-1}(4j-1)!!}{(2j)!!} r^{2j-1} P_{2j-1}(\cos\theta).$$

26. (1) 考虑$J_n(x)$的生成函数
$$e^{\frac{1}{2}x(z-\frac{1}{z})} = \sum_{-\infty}^\infty J_n(x) z^n.$$

在生成函数中取 $x = kr$, $z = ie^{i\theta}$ 得
$$e^{ikr\cos\theta} = \sum_{-\infty}^\infty i^n J_n(kr) e^{in\theta} = J_0(kr) + 2\sum_1^\infty i^n J_n(kr)\cos n\theta.$$

将上式中的r, θ看成极坐标中的变量，将k看成波数，同时取相位的时间因子为$e^{-i\omega t}$，则上式两端分别对应于波动过程相位因子的空间部分：左端是沿$(1,0,0)$方向传播的平面波，而右端各项中的$J_n(kr)$表示的是柱面波. 因此，上式的物理意义就是平面波按柱面波展开.

(2) 规定相位的时间因子为$e^{-i\omega t}$，考虑沿$d = (0,0,1)$方向传播的平面波
$$e^{ikx\cdot d} = e^{ikx_3} = e^{ikr\cos\theta},$$

其中r, θ是球坐标(r,θ,φ)中的坐标，k表示波数. 将该平面波展开为
$$e^{ikr\cos\theta} = \sum_0^\infty A_n \frac{1}{\sqrt{kr}} J_{n+1/2}(kr) P_n(\cos\theta),$$

其中$\dfrac{1}{\sqrt{kr}} J_{n+1/2}(kr)$具有球面波的相位因子表示球面波. 计算可知
$$A_n = \sqrt{2\pi}\, i^n \left(n + \frac{1}{2}\right).$$

27.
$$u(x) = \frac{1}{4\pi|x - x_0|} + \sum_{n=0}^\infty \frac{(n+1) - \sigma R}{\sigma R + n} \cdot \frac{|x_0|^n}{4\pi R^{n+1}} \left(\frac{|x|}{R}\right)^n P_n(\cos\theta),$$

其中θ是x与x_0的夹角.

28. 略.

参考文献

[1] 东南大学高等数学教研室. 高等数学. 北京：高等教育出版社，2007.

[2] 王明新，石佩虎. 数学物理方法. 北京：清华大学出版社，2013.

[3] 王元明. 数学物理方程与特殊函数. 北京：高等教育出版社，2004.

[4] 管平，刘继军等. 数学物理方法(第二版). 北京：高等教育出版社，2010.

[5] 刘继军. 数学物理方法学习指导与习题辅导. 北京：科学出版社，2006.

[6] 陈祖墀. 偏微分方程. 北京：高等教育出版社，2008.

[7] 姜礼尚，陈亚浙等. 数学物理方程讲义(第三版). 北京：高等教育出版社，2007.

[8] 谷超豪，李大潜等. 数学物理方程(第三版). 北京：高等教育出版社，2012.

[9] 郭懋正. 实变函数与泛函分析. 北京：北京大学出版社，2005.

[10] 吴崇试. 数学物理方法(第二版). 北京：北京大学出版社，2003.

[11] 梁昆淼. 数学物理方法(第三版). 北京：高等教育出版社，1998.

[12] 季孝达，薛兴恒等. 数学物理方程(第二版). 北京：科学出版社，2009.

[13] 杨奇林. 数学物理方程与特殊函数. 北京：清华大学出版社，2004.

[14] G.B.Folland. Fourier Analysis and Its Applications. 北京：机械工业出版社，2005.

[15] W.A.Strauss. Partial Differential Equations, An Introduction. 北京：世界图书出版公司，2011.

[16] L.C.Evans. Partial Differential Equations, 2nd Edition. New York: American Mathematical Society, 2010.

[17] R.Kress. Linear Integral Equations. New York: Springer-Verlag, 1989.